华姨的厨房

# 绝味下酒菜

编著 华姨

浙江出版联合集团
浙江科学技术出版社

# 前言 Preface

随着生活水平的提高和生活节奏的加快，选择外出就餐或购买外卖食品的人越来越多，自家私厨已形同虚设。诚然，外出就餐或购买外卖食品节省了买、洗、煮、烧、炖的时间，给我们带来了便捷，而且口味选择的余地也很多，可以满足口腹之欲。但同时，外出就餐也会带来难以忽视的饮食安全隐患。高热量、高油、高盐的食品，会给我们的身体埋下疾病的种子，某些无良商人还会以次充好，甚至用各种不能用于食品的化学替代品来降低成本，坑害顾客。为了您和家人的健康，我们真心呼吁大家回归居家私厨，为家人烹制既健康又美味的自制菜肴。因此，我们推出了这一套制作方便、图文并茂、兼顾营养和健康的家常营养食谱丛书——“华姨的厨房”。希望这系列的菜谱能够帮助每一位“煮”角成为健康饮食的美味高手。

本丛书以家常菜为主导，包括《经典下饭菜》《绝味下酒菜》《美味凉拌菜》《补养炖品》《至爱小炒》《健康蒸菜》，共6本，涵盖了东西南北的风味，传统与创新的搭配，既家常又不失美味。

《绝味下酒菜》以精美的图片及详细的文字说明，通俗地介绍了百余道家常下酒菜的原材料及制作方法，本书中所提供的食谱均较容易制作，食材也方便购买，并分享了食材功效、烹饪小窍门等厨艺知识。一书在手，不仅能做出让人开怀畅饮的下酒菜，满足您和家人既美味又健康的饮食要求，更能举一反三，激发您厨艺技术的创意灵感，创制出属于您的私房菜。

# 目录 Contents

## PART 1 酒桌上必备知识 JIUZHUOSHANG BIBEI ZHISHI

## PART 2 经典下酒菜 JINGDIAN XIAJIUCAI

## PART 3 私房下酒冷菜 SIFANG XIAJIU LENGCAI

# PART 1 酒桌上必备知识

# 空腹喝酒的危害

研究表明，酒精对身体的影响，与是否空腹喝酒有着密切的关系，空腹喝酒对身体至少有以下几种伤害：

## 一、空腹喝酒易引发胃病

人体胃黏膜表面被覆有一层黏液，这层黏液具有保护作用，可阻止胃液对胃黏膜的自身消化。人在空腹时喝酒，胃内没有食物缓解，酒精就容易直接刺激、破坏这层黏液保护层，而且还起了促进胃酸分泌的作用，使得胃黏膜被胃液侵蚀，轻者引发胃炎，重者导致胃溃疡。

## 二、空腹喝酒易使肝脏受损

人体各种营养物质的转化合成都由肝脏完成，各种毒素也要经过肝脏来排解，然而也正因如此，肝脏对酒精的反应最为敏感。空腹喝酒后，酒精很快就会进入肝脏内造成直接损伤，干扰肝脏的正常代谢，导致肝功能紊乱，严重者可引起酒精性脂肪肝、酒精性肝炎、酒精性肝硬化甚至肝癌。

## 三、空腹喝酒易引起低血糖

人在空腹时的血糖浓度较低，此时喝酒更会促进低血糖的发生。酒精被吸收进入人体血液之中后，可刺激胰腺分泌大量胰岛素，使血糖浓度降低；同时，酒精还迅速进入肝脏，抑制肝糖原的异生和分解反应，再加上缺少糖或淀粉类食物的摄入，血溏浓度急速下降，人体很快出现低血糖，脑组织会因缺乏葡萄糖的供应而出现头晕、心悸，严重者还会发生低血糖昏迷。

此外，在正常情况下，喝酒后酒精需要在人体内经肝脏代谢，代谢过程中需要多种酶与维生素的参与，酒的酒精度越高，所消耗的酶与维生素就越多，需要充足的食物来补充。如果人在空腹的情况下喝酒，酒精会很快地就被吸收到血液里，导致血液中的酒精浓度骤然上升，对脑、神经、肌肉等组织影响较大。与此同时，酒精的分解速度因为没有足够的酶与维生素参与代谢而降低，延迟人体化解体内的酒精毒素。

综上所述，空腹喝酒对人体有着诸多负面影响，因此应该先吃点下酒菜再喝酒，或者慢慢地边吃边喝。当胃中充满食物时，胃内的蛋白质、脂肪和密集的碳水化合物减慢了胃的蠕动，可以使酒精在胃内停留时间长一点，减缓血液吸收酒精的速度，使血液中的酒精含量减少，将酒精对身体的影响降低，而且食物中的脂肪具有不易消化的特点，可以保护胃部。

# 酒的保健作用

早在我国古代，人们就已经发现了酒和健康之间的联系，许多经典的古医籍中都有记载酒的保健功效，如明代李时珍的《本草纲目》中就有关于酒的论述："少饮则和血行气、壮神御寒、消愁遣兴。"除了在古医籍中有记载，民间还衍生出种类繁多的治病用的药酒和可强身的保健酒，历经千年依然经久不衰，可见酒的保健功效早就已经被人们认识和重视。

现代医学同样认为，酒中含有丰富的营养物质，经常适量饮用可起到养生保健的作用。有研究曾对参与实验者进行多年的追踪调查后发现，在这些实验者中，酗酒者的血压最高，其次是不喝酒的人，适量喝酒的人血压最低。适量喝酒可增加血液中的高密度脂蛋白胆固醇水平与抗氧化成分，有降低动脉硬化风险和预防心肺疾病发作的作用，还可使人体血管扩张并抑制血小板的凝聚作用，有助于预防心肌梗死和脑血栓的发生。

# 适宜作为下酒菜的食物

1. 含B族维生素较多的食物：此类食物对帮助肝脏工作、养肝护肝起到重要作用，如果缺少B族维生素，就会降低肝脏分解酒精、排解毒素的作用。此外，饮酒过多还会造成体内B族维生素的流失，因此应选用富含B族维生素的食物，以补充体内的损失。

2. 富含胶原蛋白的食物：这类食物会在人体的胃肠中形成保护膜，而且还含有一定的油脂，因为酒精难溶于油脂，所以能有效减缓人体对酒精的吸收速度，还有保护肝脏的作用。

3. 膳食纤维高的食物：膳食纤维具有的凝胶性可延长食物在胃部的停留时间，减缓酒精的吸收，能起到保护肝脏的作用。

4. 富含蛋白质的食物：喝酒会影响人体的新谢代谢，容易造成体内蛋白质缺乏，应吃点富含蛋白质的食物补充体内的损失，而且蛋白质还有保护肝脏的作用。

5. 碱性食物：绝大多数蔬菜都属于碱性食物。喝酒时以荤食下酒，这些荤食多属于酸性食物，配以碱性蔬菜一起食用有利于保持体内酸碱平衡。

6. 糖醋类食物：糖对肝脏具有保护作用，醋能解酒，还可增进食欲、帮助消化。

# 常见酒的饮用方法

## 一、啤酒

把啤酒放在通风阴凉处，待饮用时将啤酒放入冰箱的冷藏室冷藏至 10℃左右再取出饮用，因为啤酒在 10℃左右时泡沫最丰富，香气浓郁，口感细腻。

喝啤酒适宜大口饮用，切勿细饮慢酌，以免酒在口中升温，加重酒的苦味。啤酒倒入杯中后，应尽早喝完，放置时间长会使酒温升高，从而使苦味增加。此外需要注意的是，当杯内的啤酒还没喝完时，不要再倒入新的啤酒，以免破坏新啤酒的味道。

从口感上讲，啤酒有些微微的苦涩味道，在搭配小菜时，应选择清淡爽口的蔬菜、水果，如水煮花生米、卤毛豆、拌黄瓜等。另外，啤酒含有少量酒精，其主要成分是乙醇，需要进入人体在肝脏分解转化后才能排出体外。而糖对肝脏具有保护作用，因此选用糖醋藕片、糖拌番茄、老醋花生米、拔丝山药、拔丝苹果等甜味的下酒菜，对保护肝脏会有一定作用。啤酒属于弱酸性饮品，为保持体内酸碱平衡，下酒菜应选择一些碱性食品，如炒豆芽、菠菜、苹果、橘子等更好。

需要注意的是，啤酒不宜与海鲜、生鸡蛋、烧烤等同时食用。

## 二、白酒

白酒一般是在室温下饮用的，如果先加温到 70℃，再放凉到 30℃左右饮用，口味会较为柔和，香气更加浓郁。

饮用白酒对菜肴是有要求的。总的来说是冬热夏凉、荤素搭配。不同香型的酒，又有不同的要求。如清香型白酒的风格是清雅、爽净的，所以喝这种香型酒时，一般不宜吃太油腻、味道太重的菜肴，而应吃一些味道清淡的菜肴，如凉拌菜等，这样可以避免清雅的酒香被菜所掩盖。浓香型白酒则相反，其风格是暴烈的，香气大，入口就有一股浓香，所以喝这种香型的酒时，就应与味道重一些的菜肴搭配，如川菜。酱香型白酒风格是协调、甘美，回味长，所以应吃一些味道鲜美、丰富的菜肴，如湘菜。芝麻香型白酒，入口丰富醇厚、香气和谐，尤以典型的芝麻香风味为主，似乎也应以口味稍重之菜肴与之相适应。

喝白酒的时候和啤酒或者碳酸饮料一起混喝，对身体有害，啤酒和碳酸饮料中的二氧化碳会加重酒精对胃的伤害，不宜尝试。

## 三、葡萄酒

喝不同的葡萄酒，温度上有不一样的要求。一般来说，陈年干红葡萄酒的最佳饮用温度是 16~18℃，一般干红葡萄酒最佳饮用温度 12~16℃，而白葡萄酒的饮用温度最好是在 6℃ ~11℃。

先倒四分之一杯的葡萄酒，举起酒杯轻轻摇晃，使葡萄酒与空气充分接触，释放出最佳的芬芳。葡萄酒味道醇厚，先轻啜一口，让酒液在口腔保留一段时间，充分品味后再喝下，这样才能体会到红酒的真正魅力。

“红酒配红肉，白酒配白肉”是葡萄酒配菜最基本的常识。川菜、烤鸭、烧肉、烧鸡、香菇、火腿、酱熏类食品配以酒体丰满的红酒，滋味妙绝；白葡萄酒更宜与油炸点心、海鲜类、清蒸类等菜肴搭配食用；香槟酒与点心搭配，味道更好。

# 喝酒的注意事项

1. 常有失眠者认为，睡前喝点酒可以有助睡眠。实际上，喝了酒之后一开始是比较容易入睡的，但是经常会中途辗转醒来数次，睡眠质量并不好。与正常睡眠不同，酒后入睡因酒精的作用，大脑并未能够获得充分休息，醒来后常会感到头昏、脑胀、头痛等不适症状。因此想靠酒精治疗失眠，不仅达不到目的，反而对身体有害，因为晚上肝脏解毒的能力比白天弱很多，酒精中各种有害物质因不能及时被分解而积蓄在人体内。

2. 将各种酒混合一起喝容易引起严重的宿醉或者造成其他伤害，如啤酒与白酒混喝，会促进酒精在全身的渗透，对脑、肝、胃、肾等器官造成损害，更容易引起头昏、恶心、呕吐，以及其他中毒症状。

3. 酒精通过肝脏分解或通过呼吸系统排出体外需要一定的时间，因此喝酒要放慢速度。可以通过在酒桌上多说说话，延缓喝酒的速度。

4. 剧烈运动后不能喝啤酒。在炎热的夏季里，运动完之后浑身大汗，此时喝一罐冰镇啤酒似乎是件惬意的事情。但是专家指出，剧烈运动后喝啤酒，血中的尿酸会上升到较高程度，引起痛风。

5. 喝完酒后不能马上洗澡。洗澡时人体会因为血液循环加快而加速消耗体内储存的葡萄糖，而酒精抑制了肝脏的正常生理活动能力，阻碍糖原的释放，容易使人感到头晕、眼花，严重者还会发生低血糖昏迷。

6. 酒后不宜蒸桑拿。有人喜欢在酒宴散席后结伴去蒸桑拿，以为在高温下蒸一会，酒气就会散发更快，更容易醒酒。但事实上，人体在高温环境中，血管处于舒张状态，胃肠道内的酒精可以大量迅速地进入血液，加重醉态，甚至可能引起酒精中毒。

7. 酒后不宜服药。因为酒精会影响药效的发挥，而且有可能会因为化学反应而带来其他副作用。

8. 酒后不宜喝茶，否则对心脏和肾脏不利。

9. 孕期禁止饮酒。孕妇喝酒时，酒精通过血液迅速进入婴儿体内，会增加流产和胎死宫内的风险，也有可能引起胎儿酒精综合征，造成婴儿出生后体质、心智或行为上出现问题。

## 酒前防醉小秘诀

1. 喝酒前半个小时先喝一杯牛奶，可在胃壁上形成保护膜，减缓酒精吸收速度。

2. 喝酒前半个小时吃点B族维生素和维生素C，可以减少酒精对人体的影响。

3. 喝酒前半个小时可以适当吃点解酒药物，但是不要养成依赖药物的习惯。

4. 不要空腹喝酒。空腹喝酒时酒精吸收速度快，而食物可减缓酒精的吸收速度，这是喝酒不易醉的关键。一边喝酒一边进食，人体血液中的酒精浓度就不会上升得那么快，不那么容易醉酒，而且有着保护胃部的功能。

5. 喝酒时要多喝水，为身体补充水分，在一定程度上可以稀释体内的酒精，防止饮酒后体内酒精含量过高。

6. 喝酒时不要同时喝碳酸饮料，否则会加快酒精吸收的速度。

7. 喝酒要轻酌慢饮。人体消化系统内存在一种叫乙醇脱氢酶的物质，又名酒精去氢酵素，可分解人体内绝大部分的酒精，剩下的少部分酒精可通过呼吸、流汗等方式排出体外。因此若喝酒速度不快，每次只是少量酒精进入体内，就可有充分的时间把酒精分解掉或者排出体外，不易喝醉。

## 醉后解酒小秘诀

1. 醉酒后可以吃一些水果，因为水果里含有有机酸，如苹果含有苹果酸、菠萝含有柠檬酸、葡萄含有酒石酸等，这些有机酸能和酒精相互作用形成酯类物质，从而中和酒精。另外水果中的果糖也有很好的解酒作用，因为果糖能提高人体的酒精代谢能力，促进酒精的分解吸收。

2. 醉酒后可用浓米汤加糖搅匀后喝下，既可以解酒又可以降低酒后上火症状。这是因为浓米汤中含有B族维生素及多糖类物质，能有效分解酒精，保护肝脏，起解毒醒酒的功效。

3. 将醉酒者扶坐起来，用毛巾蘸热水后拧干，轻轻擦拭醉酒者的太阳穴、前胸和后背，可减轻其醉酒症状。

4. 橄榄甘酸涩温，自古以来就是除烦醒酒的良药，在许多医学古籍中都有记载其解酒功效。在酒后一小时食用橄榄，可获得较好的解酒效果。

5. 取葛藤花10克，加适量水，煎汤饮服，可解酒醒脾，也可用于喝酒过度后引起的头痛、头昏、烦渴、胸膈饱胀。由于葛藤花有着良好的解酒效果，因此在中医里有着“千杯不醉葛藤花”的说法。

6. 取鲜桑椹洗干净，捣汁服用，可解酒醉不醒。

PART 2

# 经典下酒菜

# 卤牛肉：经典的白酒伴侣

电视剧上常会有这样的场景对白：络腮胡的粗汉子走进酒馆或者餐馆，把佩刀“匡”地放在桌面上，没坐下就喊“小二，来一坛女儿红，上两斤卤牛肉！”无论从历史典故还是从日常食用概率看，卤牛肉是喝白酒的最经典菜式。

牛肉是全世界人都喜欢吃的肉类食物，在中国的受众群体也非常广泛，很多人都喜欢吃。牛肉的营养价值非常高，古有“牛肉补气，功同黄芪”之说。卤牛肉肉品色泽红润、弹性适中、口感清香，作为下酒菜既兼有口感佳、味道好的特点，又不乏营养，不会抢去白酒的味道，恰到好处，“大碗酒、大口肉”的模式足以证明。

# 老醋花生：喝酒必不可少

老祖宗的智慧总能让所有的事物这样协调——就着老白干，想起炸花生米的香，怕上火，于是泡进地道的老醋里；口味太单、颜色稍逊，那再撒上一把香菜。当品菜肴的不仅是味时，它才能更久地留存心中。

老醋花生是用来喝酒的极佳菜肴，不管是白酒、葡萄酒，还是黄酒和啤酒，老醋花生都能很好的予以合作。花生加醋不但可使菜增加鲜、甜及香味，而且具有增进食欲、促进消化、杀菌等功效，尤其是对过咸、过腻的食品，加上点醋可降咸味，减少油腻感。

# 拌黄瓜：爽口好下酒

啤酒是高热量的饮料，在搭配下酒菜时，应该选择清淡、易消化的清爽小菜，而不是海鲜、烤肉、生鸡蛋，尤其是平时患有高血压、高血脂、高血糖的患者，在选择下酒菜的时候，更应该慎重。从口感上讲，啤酒有些微微的苦涩味道，在搭配小菜时，选择拌黄瓜这类清淡爽口的蔬菜，可以更好地品尝啤酒的味道。

黄瓜搭配豆腐，具有养肺行津、润燥平胃、清热散血、解毒消炎的作用，配啤酒食用更过瘾！

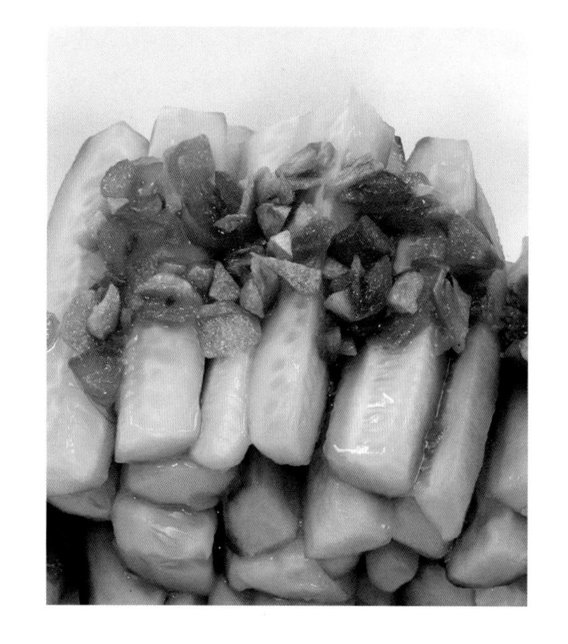

# 牛排：红酒经典搭配

牛排最早来源于欧洲中世纪，当时，猪肉及羊肉是平民百姓的食用肉，牛肉则是王公贵族们的高级肉品，尊贵的牛肉被他们搭配上了当时也是享有尊贵身份的胡椒及香辛料一起烹调，并在特殊场合中供应，以彰显主人的尊贵身份。

国外大都喜半生不熟的牛肉，再搭配上不同品种的红酒，吃起来别有一番风味。配着牛排喝红酒，肉质在口中会更醇香一些，也有助于消化。另外红酒的馥郁酒香又正好与牛肉的丰腻肉味产生理想的效果，令汁液更为浓郁，肉香四溢。

# 吊烧鸡：红酒的中式运用

吊烧鸡是经典的中菜菜式，而红酒算是舶来品，这两者也可以搭配得天衣无缝，相得益彰。行业中有“红酒配红肉，白酒配白肉”的说法：吃红肉，比如说牛排、猪肉、鸡肉等，最好配红葡萄酒；吃白肉如虾、鱼、海鲜等最好搭配白葡萄酒。

吊烧鸡的食法从古延续至今，手段有粗犷有精致，配上红酒，入口微甜，而后酒香融入肉香，肉香又融入酒香，其浑然一体的奇妙口感让人欲罢不能。

# 法式煎鹅肝：西餐中的经典

法式煎鹅肝有世界三大美食之称。两千多年前的罗马人大概是最早懂得享受煎鹅肝这项美食的人，他们用无花果配鹅肝，呈献给恺撒大帝，恺撒视其为佳肴。

鹅肝中含有油脂甘味的谷氨酸，加热时会产生特殊的香味，加热到一定程度，脂肪开始融化，更产生入口即融的滑腻之感，人们将鹅肝比做华丽的丝绸，也有人将其比做巧克力。白葡萄酒酒液呈果绿色，清澈透明，气味清爽，酒香浓郁，回味深长，一杯上好的甜白葡萄酒，能最大限度地勾引出鹅肝的丰腴口感。

# 烟熏三文鱼：当干白的淡酸遇到咸香

烟熏三文鱼一直以来是西方人餐桌上的经典美味，它口味特别，有淡淡的烟熏味，但口感是生的，比生三文鱼的口感更丰富，入口即溶。在法国小餐馆的菜单里，很难看到烟熏三文鱼的影踪，它只出现在星级酒店的自助餐和一些高级餐厅或米其林餐厅里。

在西方，烟熏三文鱼通常被当做开胃菜。在薄薄的鱼片上撒上各种佐料和蔬菜，就是受人喜爱的开胃菜。白葡萄酒气味清爽、酒香浓郁，搭配烟熏三文鱼绝对是非常完美的选择，彼此淡淡的烟熏味相得益彰，烟熏那种典型的令人难忘的味感与葡萄酒自身浓郁清新的口感融合，让人难忘。

# 蔬菜色拉：突出白葡萄酒的清淡

白葡萄酒不会压倒食物本身的色味，但有必要的接触，可补充凉拌菜的甜度和酸度。色拉几乎总是要求白葡萄酒伴奏。许多夏季色拉用的蔬菜，如辣椒、胡萝卜和甜菜，微甜，带有淡淡的甜味的白葡萄酒是最好的补充。

任何搭配，首要的一点就是和谐，两者需要相得益彰。酒和食物的味道都不能强烈到掩盖掉对方的风味。对于口感较为软滑、口感稍轻的蔬菜色拉，与白葡萄酒搭配，可以软化葡萄酒的单宁，从而更加突出葡萄酒的果香，减少酒的干涩感。

# 圣诞火鸡：香槟是最好的搭档

在西方，只要是圣诞节享用的家宴都称为圣诞大餐，火鸡、香槟、甜点是圣诞大餐必不可少的菜式。圣诞大餐吃火鸡的习俗始于1620年，火鸡烤制工艺复杂，味道鲜美持久，其特有的烧烤味道，加上果香浓郁的香槟，气息强劲而层次分明：随着与空气接触的逐步加深，花香、干果、胡椒和肉桂的香味纷至沓来，再浅啜一口香槟，独特的口感在唇齿间慢慢挥发，美味至极。

没有上好的香槟，节日无从谈起，而没有美味的火鸡，香槟酒则显得单薄，唯有将此两者完美搭配，才能在欢庆的节日气氛里游刃有余，让人流连忘返。

# 焦糖滑蛋布丁：让香槟有另一种味道

香槟属于气泡式，口感上较甜。西点中只要不是很甜的点心，都可用来搭配香槟，如蛋糕或果馅饼和柠檬味点心等。用来搭配香槟的巧克力，宜选用黑巧克力或苦中带甜且不黏口的，而且只适宜搭配口味清淡、甜度最低的香槟。

咖啡色的薄壳，乳黄色的布丁，清脆和滑嫩口感的对比，加上布丁香醇的蛋黄香，配上香槟的清冽和脆爽，无论是卖相、味道都十分搭。

# PART 3

# 私房下酒冷菜

# 畜肉类

## 凉拌腰肝

### 原料

猪腰300克，猪肝100克，辣椒10克，姜、葱、料酒、盐、酱油、糖、香油各适量。

### 制作过程

1. 猪腰去筋膜、腰臊，剞花后切块，放在碗中加料酒、盐腌1小时，再以清水冲净；猪肝洗净，切片；葱取一半量切段；姜洗净，切块。
2. 姜块、葱段一起放入沸水中，加入猪肝和猪腰烫煮至熟，盛起。
3. 辣椒和剩余的葱切丝，加酱油、糖、香油调拌均匀，淋在熟猪腰、熟猪肝上即可。

### 烹饪小窍门

选购猪肝要注意，新鲜的猪肝呈褐色或紫色，用手按压坚实有弹性，且有光泽，无腥臭异味。

### 佐酒论效

酒精要在肝脏中分解，而在分解代谢过程中需要多种维生素共同参与。猪肝中维生素A的含量远远超过奶、蛋、肉、鱼等食物，同时，还含有维生素$B_2$和多种微量元素，可以加速酒精分解。

# 香辣蹄花

## 原料

猪蹄500克，芹菜50克，姜、蒜、葱、朝天椒、糖、醋、生抽、辣椒油、花椒粉、盐、味精、香油、水各适量。

## 制作过程

1. 芹菜切段，下入沸水锅中氽熟；猪蹄洗净，斩成小块；朝天椒切小段；姜部分切片，少量切末；蒜切末；葱切花。
2. 猪蹄入沸水锅中氽水，捞出沥水后放入汤锅中，加水、姜片、盐大火煮沸，转至小火炖熟。
3. 将猪蹄捞出晾凉，加入芹菜、朝天椒、姜末、蒜末、糖、醋、生抽、辣椒油、花椒粉、盐、味精拌匀，淋上香油，撒上葱花即可。

### 烹饪小窍门

猪蹄最好选较小的前蹄。

### 佐酒论效

喝酒会影响人体的新谢代谢，容易造成体内缺乏蛋白质，应吃点富含蛋白质的食物补充体内的损失，而且蛋白质还有保护肝脏的作用。猪蹄含丰富的胶原蛋白，是非常适合下酒的小菜。

# 凉拌牛肉

## 原料

牛里脊肉200克，香菜、芝麻、葱末、蒜泥、包心菜、梨、醋、盐、糖、鲜露、辣椒酱、香油各适量。

## 制作过程

1. 包心菜用盐水洗净，修成碟形，放入盘中；香菜择洗干净，切末；梨洗净，去皮及核，切丝。
2. 牛里脊肉洗净，切丝，用醋拌匀后放入凉开水中加热煮沸，捞起沥干。
3. 把牛肉丝、香油、香菜末、蒜泥、芝麻、辣椒酱、鲜露、盐、葱末、糖、梨丝拌匀，盛入包心菜上即可。

## 佐酒论效

包心菜中含有丰富的维生素C、维生素E、维生素U、胡萝卜素、钙、锰、钼以及膳食纤维，有护肝功效。

## 烹饪小窍门

凉拌牛肉所选的牛肉要新鲜，无异味。牛肉要顶刀切丝，逆肌肉纹理切制，口感才滑嫩。

# 酱牛肉

## 原料

牛腱子肉800克，红椒、花椒、葱、姜、香菜、大料、桂皮、酱油、料酒、黄酱、盐、糖各适量。

## 制作过程

1. 牛腱子肉放入锅中，以大火汆去血水，沥干待用；葱切小段；姜去皮，拍松；红椒切丝；香菜洗净，切段。
2. 另起锅放入牛腱子肉，加热水至没过肉的表面，放入酱油、黄酱、盐、糖、料酒、葱段、姜、花椒、大料、桂皮，用大火煮30分钟，然后改用小火炖1小时。
3. 捞出牛腱肉，沥水后切成薄片，最后撒上红椒和香菜即可。

## 烹饪小窍门

切牛腱子肉时应逆着肉丝纤维的方向，这样切出来的肉片吃起来会更嫩。

## 佐酒论效

此菜色泽红润、柔韧相宜、弹性适中、口感清香，非常适合配红酒食用。而腱子肉又含有胆固醇、维生素A和多种微量元素，可补中益气、滋养脾胃，更是人体的补益佳品。

# 陈皮牛肉

## 原料

牛肉300克，陈皮20克，葱、蒜、姜、鸡汤、料酒、食用油、酱油、盐、味精、香油、花椒各适量。

## 制作过程

1. 牛肉洗净，切成片；葱洗净，挽成葱结；蒜去皮，切片；姜去皮，切片。
2. 锅内放食用油烧至八成热，下牛肉片炒至水分收干，盛出待用。
3. 另起锅放食用油烧热，放入葱结、姜片、花椒爆香，捞出葱结、姜片、花椒不要，放入牛肉、蒜片、料酒、酱油、盐、陈皮、鸡汤，用小火焖至松软，转大火收干汤汁，放入味精，淋入香油即可。

## 烹饪小窍门

选购陈皮时以片大、质软、香气浓者为佳。

## 佐酒论效

牛肉的营养价值非常高，古有“牛肉补气，功同黄芪”之说。牛肉的蛋白质含量高，脂肪含量低，是非常健康的一种肉类，也是非常理想的下酒原料。

# 银芽牛肉

## 原料

牛里脊肉450克，绿豆芽、芹菜各200克，酱油、醋、香油各适量。

## 制作过程

1. 芹菜摘除叶片，洗净，切小段；牛里脊肉洗净，切片；绿豆芽摘除头尾，洗净。
2. 将牛肉放入沸水中汆烫透，捞出后立即浸入冷水中待凉；芹菜、绿豆芽一起放入沸水中汆烫，捞出后浸入凉水中。
3. 待牛肉凉后捞出沥干，摆在盘中，加入酱油、醋、香油、芹菜和绿豆芽，调拌均匀即可。

## 佐酒论效

绿豆芽性凉味甘，不仅能清暑热、通经脉、解诸毒，还能补肾、利尿、消肿、滋阴壮阳、调五脏、美肌肤、利湿热、降血脂和软化血管。

## 烹饪小窍门

牛肉汆烫时间不宜过长，断生即可；芹菜汆烫后浸凉水，可保持翠绿的颜色和脆嫩的口感。

# 禽蛋类

## 酸辣鸡爪

### 原料

鸡爪 200 克，芹菜 30 克，洋葱 20 克，辣椒 20 克，青柠汁、糖、醋、盐各适量。

### 制作过程

1. 将鸡爪洗净，去掉趾尖，放入沸水中汆 1 分钟去除异味，捞起沥干水。
2. 将锅洗净，加水，下入鸡爪煮至熟透，捞起沥干水。
3. 将芹菜、洋葱分别洗净，切薄片；辣椒切段，与芹菜片、洋葱片一起入沸水中略煮后捞出，沥干水分。
4. 鸡爪、芹菜、洋葱、辣椒加入青柠汁、糖、醋、盐拌匀，放进冰箱冷藏后取出即可食用。

### 烹饪小窍门

酸辣鸡爪冷藏后食用，风味更佳。

### 佐酒论效

鸡爪含有丰富的钙质及胶原蛋白，常吃不但能软化血管，还有保护肝脏的功效，但脾胃虚寒者不宜多食。

# 蚝皇鸡爪

## 原料

鸡爪500克，盐7克，味精10克，糖20克，叉烧芡100毫升，蚝油5毫升，香油3毫升，葱油3毫升，食用油、醋、麦芽糖、淀粉各适量。

## 制作过程

1. 鸡爪去趾尖，洗净；锅内加水，置于火上，将醋、麦芽糖入水中煮沸，加鸡爪煮3分钟后捞起沥干。
2. 起锅，倒入食用油，下鸡爪炸至金黄色，捞起洗净，放入沸水中再煮30分钟，沥干。
3. 将淀粉、盐、味精、糖、叉烧芡、蚝油加入鸡爪中，拌匀，加入葱油、香油，放入蒸锅中蒸5分钟即可。

## 佐酒论效

鸡爪富含胶原蛋白。含胶原蛋白的食物会在人体的胃肠中形成保护膜，而且还含有一定的油脂，因为酒精难溶于油脂，所以能有效减缓人体对酒精的吸收速度。

## 烹饪小窍门

香油和葱油都不要放得太多。

# 老干妈拌鸡肝

## 原料

鸡肝 150 克，老干妈调料 20 克，葱段 20 克，蒜头 20 克，大料、花椒、料酒、醋、鸡精、香油、香菜、酱油、盐各适量。

## 制作过程

1. 鸡肝去油和筋，沸水锅里加入部分姜、蒜、葱、料酒、大料、花椒、下鸡肝煮 20 分钟左右，捞出来备用。
2. 剩余蒜头切成末，姜切丝，香菜切成末备用。
3. 鸡肝切成片，加葱丝、蒜末、姜末、香菜末，上面撒盐、味精，用热香油泼一下，最后再加酱油、醋，老干妈调料搅拌均匀即可。

## 烹饪小窍门

鸡肝煮熟即可，不要煮得时间过长。

## 佐酒论效

饮酒过程中，要注意多喝水，多吃绿叶蔬菜，多吃豆制品和鱼，多吃动物肝脏。鸡肝味甘性温，可补血养肝，是食补肝脏的佳品，较其他动物肝脏补肝的作用更强，且可温胃。

# 鸡蛋松

## 原料

鸡蛋4个，食用油30毫升，盐5克，料酒5毫升。

## 制作过程

1. 鸡蛋打散，加料酒、盐搅匀。
2. 炒锅置火上烧热，倒入食用油，待油温烧至六成热时，将漏勺置于油锅上方，将鸡蛋慢慢倒入漏勺，使蛋液通过细孔漏入热油中。
3. 整个过程中要用筷子轻轻拨动油锅中的蛋松。
4. 见蛋松在油锅中漂起，用漏勺将蛋松捞出，沥尽油后装盘即可。

## 佐酒论效

喝酒会影响人体的新谢代谢，容易造成体内缺乏蛋白质，应吃点富含蛋白质的食物补充体内的损失。鸡蛋含有丰富的蛋白质，且含有丰富的钙、磷、铁等矿物质。

## 烹饪小窍门

倒入鸡蛋液时应注意顺着一个方向搅动，使流入锅中的蛋液遇高温凝固而缠绕在筷子上。

# 蔬菜类

## 凉拌黄瓜

### 原料

黄瓜 500 克，蒜、食用油、盐、醋、糖、味精、香油、辣椒粉各适量。

### 制作过程

1. 黄瓜洗净，切条；蒜去皮，剁泥。
2. 锅内放食用油，烧至七成热，放入辣椒粉、蒜泥，再放入适量盐、糖、醋。
3. 翻炒几下，等各辅料溶化，再加入少量味精。
4. 等锅里的辅料冷却之后，再倒在已经切好的黄瓜上，浇上香油，拌匀即可。

### 烹饪小窍门

黄瓜尾部含有较多的苦味素，苦味素有防癌的作用，食用时不应把黄瓜尾部全部丢掉。

### 佐酒论效

此菜清淡爽口，与微带苦涩的啤酒同食用，别具风味。黄瓜含有丙氨酸、精氨酸和谷胺酰胺，可防酒精中毒，对肝病患者，特别是对酒精肝硬化患者有一定辅助治疗作用。

# 黄瓜拌素鸡

## 原料

黄瓜300克，素鸡200克，蒜、红椒、盐、醋、糖、辣椒酱、生抽、熟香油各适量。

## 制作过程

1. 黄瓜洗净，切片；素鸡洗净，切片，放入沸水中汆烫，捞起；红椒洗净，去蒂、子，切末；蒜去皮，切末备用。
2. 黄瓜放碗中，加盐、醋抓拌腌10分钟，待汁水流出，以凉开水冲净并装在盘中。
3. 加入素鸡、红椒末、糖、辣椒酱、生抽搅拌均匀，盛出装盘。
4. 食用前淋上熟香油，拌匀即可。

## 佐酒论效

黄瓜中所含的丙醇二酸，可抑制糖类物质转变为脂肪。此外，黄瓜中的膳食纤维对促进人体肠道内腐败物质的排除，以及降低胆固醇都有一定作用，还能减缓酒精的吸收，起到保护肝脏的作用。

## 烹饪小窍门

素鸡是将豆腐皮放入由酱油、味精、五香粉、盐等调成的味汁中浸渍，取出后裹成卷状，再用较大的豆腐皮包裹好，用干净白布包紧，以麻绳扎紧，下锅煮熟，去绳去布后制成。

# 糖醋黄瓜卷

## 原料

小黄瓜 200 克，红椒 30 克，姜、香油、糖、盐、醋各适量。

## 制作过程

1. 小黄瓜洗净，切成长段，用盐略腌软，洗去盐水。
2. 红椒去子，切成长丝；姜去皮，切丝待用。
3. 每段小黄瓜削成连续的长薄片，削到瓜瓤时就停下来。
4. 将姜丝和红椒丝放入小黄瓜条中，包卷成圆条开状，置于碗内，加香油、糖、盐、冷开水、醋略腌 20 分钟后取出，切小段，排入盘中，淋上腌汁即可。

### 烹饪小窍门

黄瓜段用盐略腌软，洗去盐水，能增加小黄瓜的脆度。

### 佐酒论效

黄瓜中含有丰富的维生素 E，可起到延年益寿、抗衰老的作用；黄瓜中的黄瓜酶，有很强的生物活性，能有效地促进机体的新陈代谢。

# 凉拌竹笋

## 原料

竹笋 300 克，盐、姜、蒜、辣椒油、醋、香菜各适量。

## 制作过程

1. 竹笋去外壳，洗净，切丝；姜洗净，切末；蒜去皮，切末。
2. 锅内加水烧热，放竹笋稍汆。
3. 捞出竹笋，沥干水，放入碗内，加盐、姜末、蒜末、辣椒油、醋拌匀，撒上香菜即可。

## 烹饪小窍门

在竹笋外壳上垂直划一刀，即可剥下外壳；切时，靠近笋尖部的地方宜顺切，下部宜横切，这样烹制时不但易熟，而且更易入味。

## 佐酒论效

竹笋含有一种白色的含氮物质，构成其独有的清香，具有开胃、促进消化、增强食欲的作用，是三五知己饮酒助兴的好配菜。

# 芦笋拌冬瓜

## 原料

芦笋250克，冬瓜300克，葱、姜、盐、味精各适量。

## 制作过程

1. 芦笋洗净，切段；冬瓜削去皮，洗净，切长条。
2. 冬瓜与芦笋、盐、葱、姜一起煨烧，然后放入凉水浸泡，捞出沥水。
3. 最后加味精、盐调味即可。

## 佐酒论效

冬瓜富含膳食纤维，对改善血糖水平效果好，还能降低体内胆固醇、降血脂、防止动脉粥样硬化，并能刺激肠道蠕动，使肠道里积存的致癌物质尽快排出。

## 烹饪小窍门

冬瓜应放在阴凉、干燥的地方贮存，不要抹掉冬瓜皮上的白霜。

# 咖喱酸辣花椰菜

## 原料

花椰菜500克，干红椒、醋、咖喱粉、盐、味精、糖各适量。

## 制作过程

1. 将花椰菜洗净，掰成小朵，放入沸水中烫透捞出，用冷水过凉后沥干水；干红椒去蒂、子后洗净，切成细丝。
2. 炒锅置大火上，加水适量，放入咖喱粉、干红椒丝、糖、盐、味精、醋，煮沸后撇去浮沫，起锅晾凉后倒入大汤盆内。
3. 加入花椰菜浸泡，约4小时后捞出，整齐地摆放盘中，上桌时淋入适量腌花椰菜的原汁即可。

## 佐酒论效

花椰菜是含有类黄酮最多的食物之一，类黄酮除了可以防止感染，还是最好的血管清理剂，能够阻止胆固醇氧化，防止血小板凝结成块，因而减少心脏病与脑卒中的危险，适宜肝脏易遭到毒害、食欲不振、消化不良、大便干结者食用。

## 烹饪小窍门

花椰菜烧煮的时间不宜过长，以免损失其中的营养成分。

# 花生米拌包心菜

## 原料

包心菜300克，花生米100克，蒜、葱、盐、香油、辣豆瓣、芝麻酱各适量。

## 制作过程

1. 包心菜、葱、蒜均洗净，切丝；花生米炒熟。
2. 将包心菜、葱、蒜沥干，放在大碗中，加盐、香油拌匀，再放进冰箱冷藏腌2小时。
3. 待食用时，取出包心菜，加入花生米，加辣豆瓣、芝麻酱，拌匀即可。

## 佐酒论效

花生含有维生素E和一定量的锌，能增强记忆、抗老化、延缓脑功能衰退、滋润皮肤；其含有的维生素C有降低胆固醇的作用，有助于防治动脉硬化、高血压和冠心病。

## 烹饪小窍门

在花生的诸多吃法中，以炖吃为最佳，既能避免招牌营养素的破坏，又具有不温不火、口感潮润、入口易烂、易于消化的特点，老少皆宜。

# 蜜汁扣南瓜

## 原料

老南瓜400克，蜜枣、枸杞子、姜、葱、食用油、盐、糖、蜜糖各适量。

## 制作过程

1. 老南瓜洗净，去皮，去子，切成厚片；枸杞子洗净；姜洗净，切成片；葱洗净，打成葱结。
2. 把南瓜片整齐扣入深碗内，加盐、糖、蜜糖、姜片、葱结、蜜枣、枸杞子，入笼蒸15分钟至熟透。
3. 去掉姜片、葱结，轻轻扣入盘内，淋上热食用油即可。

## 佐酒论效

南瓜含有丰富的钴，能活跃人体的新陈代谢，促进造血功能，并参与人体内维生素 $B_{12}$ 的合成，是人体胰岛细胞所必需的微量元素，对防治糖尿病、降低血糖有特殊的疗效。

## 烹饪小窍门

蒸南瓜的时间不能太长，淋上食用油的温度要高。

# 蜜汁酿藕

## 原料

莲藕250克，糯米150克，糖、蜂蜜各适量。

## 制作过程

1. 糯米淘洗干净，用温水泡软泡透；莲藕洗净、去皮，切成片。
2. 将泡好的糯米装在每个藕孔内，摆入碗中，上笼约蒸30分钟取出，摆入盘内。
3. 锅内加水和糖、蜂蜜熬化至浓汁，淋在蒸好的藕片上即可。

## 烹饪小窍门

糯米（包括其他五谷）煲粥或蒸制前，先浸泡一会儿，同时，加点食用油和盐，效果更好，口感也更佳。

## 佐酒论效

糯米含有蛋白质、脂肪、碳水化合物、钙、磷、铁、维生素 $B_1$、维生素 $B_2$、烟酸及淀粉等，其成分对体内的新陈代谢有重要作用，B族维生素、蛋白质均有保护肝脏的作用。

# PART 4

# 私房下酒热菜

# 畜肉类

## 辣子酱爆肉

### 原料

猪里脊肉250克，黄瓜50克，笋尖30克，干辣椒、甜面酱、酱油、水淀粉、味精、食用油、葱、姜各适量。

### 制作过程

1. 将猪里脊肉切丁，拌入水淀粉；笋尖、黄瓜切丁；葱切段；姜切片。
2. 锅中放食用油烧至三成热，下入肉丁滑散，再下入黄瓜丁、笋丁略微过油后盛出。
3. 锅中留少许油，下入葱段、姜片、干辣椒、甜面酱炒香，倒入滑过油的原料，加酱油、味精，再用水淀粉勾芡，炒匀即可。

### 烹饪小窍门

通常，带刺、挂白霜的黄瓜为新摘的鲜瓜；瓜条、瓜把枯萎的往往是采摘后存放时间过长了。瓜鲜黄绿、有纵棱的是嫩瓜，条直、粗细均匀的黄瓜肉质好。

### 佐酒论效

黄瓜含有丰富的维生素和多种营养物质，对肝病患者，尤其是酒精性肝硬化患者有一定的辅助疗效，可防治酒精中毒。

# 家常回锅肉

## 原料

猪肉250克，辣椒45克，青蒜30克，甜面酱、豆瓣辣酱、糖、高汤、味精、食用油各适量。

## 制作过程

1. 猪肉洗净，整块放入冷水中煮约20分钟，捞出沥干，冷却后切成薄片备用。
2. 辣椒洗净，去蒂、子，切成小方块；青蒜去皮，切段。
3. 炒锅入食用油，先倒下肉片爆炒，见肥肉部分收缩，再放入辣椒翻炒，盛出。
4. 用锅中余油将甜面酱、豆瓣辣酱炒香，加高汤、糖、味精炒匀，再倒入肉片、辣椒一起翻炒，起锅前加青蒜炒至香味散出即可。

## 佐酒论效

喝酒会影响人体的新谢代谢，容易造成体内缺乏蛋白质。猪肉含有丰富的优质蛋白质和人体必需的脂肪酸，可补充喝酒造成的蛋白质损失。

## 烹饪小窍门

判断猪肉是否煮熟透，可用筷子试插，如无血水渗出即已熟透。

# 家常小炒肉

## 原料

猪五花肉500克，青椒、红椒、洋葱各30克，盐、料酒、鸡精、蒜、生抽、糖、食用油各适量。

## 制作过程

1. 青椒、红椒洗净，去蒂，去子，切细长条块；猪五花肉洗净，切片；洋葱切丝；蒜切片备用。
2. 平底锅置于中火上烧至五成热，将猪肉一片一片地放入锅中，使肉片双面煎至稍稍上色、肥脂呈透明色，再加入生抽、料酒炒匀，夹出，沥干油待用。
3. 炒锅放食用油，待烧至五成热时放入蒜片、洋葱、青椒、红椒炒至熟软，再放入猪肉片翻炒，加糖、盐、鸡精调味即可。

### 烹饪小窍门

判断猪肉的好坏可稍微捏按，好的猪肉弹性极佳，猪皮表面细致。

### 佐酒论效

此菜具有温中通阳、提神健体、散淤解毒之功效。尤其适合搭配浓香型白酒食用。

# 红烧狮子头

## 原料

猪肉600克，鸡蛋1个，油菜心、盐、糖、水、马蹄、全麦吐司、酱油、料酒、食用油、香油各适量。

## 制作过程

1. 猪肉洗净，切末；鸡蛋打散后和料酒、盐加入肉末中，顺时针搅拌至有黏性。
2. 马蹄去皮，切末，全麦土司切碎，一起加入肉末中搅匀成肉馅，舀一大勺肉馅在手掌，稍揉成肉丸。
3. 炒锅加入食用油烧热，放入肉丸，中火炸至表面呈金黄色，滤去多余的油，加入酱油、糖和清水，小火煮至入味后收汁装盘。
4. 油菜心洗净；另取锅烧水，水沸后加食用油和盐，入油菜心氽熟，沥水后围在狮子头边上，淋香油即可。

## 佐酒论效

马蹄所含的磷能促进人体生长发育和维持生理功能的需要，同时可促进体内糖、脂肪、蛋白质三大物质的新陈代谢，调节酸碱平衡，有清热泻火的良好功效。蛋白质有保护肝脏的作用。

## 烹饪小窍门

肉馅要顺时针搅拌，这样做出来的肉丸才会更香；炸肉丸时不要经常翻动，待外皮炸硬后再翻动，不然肉丸会散。

# 农家拆骨肉

## 原料

猪大骨400克，盐、食用油、老抽、辣椒油、红椒、青蒜各适量。

## 制作过程

1. 将猪大骨洗净，放入锅中煮至六成熟后取出，晾凉后将肉拆下来备用；红椒洗净，切圈；青蒜洗净，切小段。
2. 锅中入食用油烧热，入拆骨肉煎至表面微黄后，捞出沥油。
3. 锅内留油烧热，入红椒炒香，再倒入拆骨肉一起炒匀，放入青蒜，调入盐、老抽、辣椒油翻炒，起锅盛入盘中即可。

## 烹饪小窍门

猪肉中含有一种肌溶蛋白的物质，若用热水浸泡就会散失很多营养，且口味欠佳。

## 佐酒论效

猪大骨含有大量磷酸钙、骨胶原、骨黏蛋白等营养物质，有强筋、补虚、健胃的功效。另外，富含胶原蛋白的食物有保护肝脏的作用。

# 花椰菜炒咸肉

## 原料

花椰菜250克，咸肉80克，蒜蓉、鲜汤、糖、味精、食用油各适量。

## 制作过程

1. 花椰菜洗净，摘成小朵；咸肉切成片。
2. 将花椰菜和咸肉分别放入沸水锅中氽熟，捞起沥干水分。
3. 炒锅上火，放食用油烧热，下蒜蓉、咸肉炒香，再加入花椰菜、糖、鲜汤，待煮沸后再煮片刻，加味精拌匀即成。

## 佐酒论效

此菜口感柔韧、咀嚼感强，是下酒绝好菜肴；而且花椰菜的维生素C含量极高，可促进肝脏排毒，提高人体免疫功能。

## 烹饪小窍门

花椰菜虽然营养丰富，但常残留农药，还容易生菜虫，所以在烹调之前，可将花椰菜放在盐水里浸泡几分钟，菜虫就会跑出来了，还有助于去除残留农药。

# 平菇炒肉

## 原料

平菇200克，猪肉300克，盐、鸡精、生抽、料酒、淀粉、食用油、姜、葱、蒜各适量。

## 制作过程

1. 平菇洗净，切好；姜、蒜、葱均切末。
2. 猪肉洗净，切片，加盐、生抽、料酒、淀粉搅拌均匀，腌20分钟。
3. 锅置火上，放食用油、下肉片炒至八成熟，捞起备用。
4. 锅内放入食用油爆香姜、蒜、葱，下平菇爆炒片刻后加入肉片一起翻炒，再加入盐、鸡精和生抽翻炒均匀即可。

## 佐酒论效

平菇营养丰富，富含氨基酸，可补充由喝酒造成的蛋白质缺失。

## 烹饪小窍门

如果不喜欢生平菇的味道，或者平菇不是很嫩很新鲜的，可以提前氽一下水，然后迅速过凉水，再挤干水分备用。

# 红烧排骨

## 原料

猪排骨 400 克，葱、姜、红烧汁、食用油、清水各适量。

## 烹饪小窍门

猪排骨汆水是为了去除血沫和腥味。

## 制作过程

1. 猪排骨切段，葱切末，姜切丝。
2. 锅中放入猪排骨和水，用大火煮沸，捞出，过凉，沥干。
3. 锅洗净，倒入食用油，待油热后放入葱末、姜丝，倒入排骨翻炒后，倒入红烧汁，再倒入清水，煮至熟透，汤汁收干即可。

## 佐酒论效

猪排骨除提供人体生理必需的优质蛋白质、脂肪、维生素外，还含有大量磷酸钙、骨胶原、骨粘连蛋白等，可有效减缓人体对酒精的吸收速度。

# 柠汁茶香排骨

## 原料

猪排骨500克，红茶包、姜、柠檬皮、柠檬汁、盐、生抽、老抽、料酒、糖、淀粉、食用油各适量。

## 制作过程

1. 猪排骨切块，加盐、生抽、老抽、料酒、糖、淀粉腌半小时；柠檬皮切丝；红茶包用沸水泡开；姜去皮切丝。
2. 锅内放入食用油，放入腌好的排骨煎至七成熟，盛起装盘。
3. 锅里留余油，放姜丝和柠檬丝爆香，然后倒入排骨，加红茶水，煮沸后调整味道，转中火焖至入味，大火收汁，最后洒上柠檬汁，拌匀后装盘即可。

## 烹饪小窍门

红茶可以去油脂，能减少汤汁中的油腻，同时增加独特口感。

## 佐酒论效

空腹喝酒容易引起胃病、低血糖，造成心脏受损等，宜先吃点下酒菜再喝酒，或者慢慢地边吃边喝，此菜浓郁独特，甜中带酸，是下酒的推荐之选。

# 番茄酱苦瓜烧排骨

## 原料

猪排骨500克，苦瓜200克，鸡蛋清50克，姜片、葱、蒜、糖、盐、酱油、香油、豆腐乳、香辣酱、番茄酱、花椒、味精、料酒、食用油、鲜汤各适量。

## 制作过程

1. 猪排骨、苦瓜洗净，切长条备用。将排骨和姜片、酱油、盐、花椒、味精、料酒、鸡蛋清拌匀，腌渍15分钟。
2. 净锅上火，加食用油烧至五成热，下腌渍好的排骨炸至金黄色，捞出沥油。
3. 锅中留底油，放入蒜、葱、豆腐乳、香辣酱、番茄酱、花椒、味精、料酒、鲜汤，煮沸后加入排骨，小火烧至七八成熟，加苦瓜，调入糖、盐，烧至汤汁收干，淋上香油即可。

## 佐酒论效

苦瓜的维生素C含量很高，所含的苦瓜素被誉为“脂肪杀手”，苦瓜中的苦瓜苷和苦味素能增进食欲，健脾开胃。淡淡的苦味是下酒时可口的小菜，又能清凉败火。

## 烹饪小窍门

苦瓜不必用盐腌出水，否则会破坏苦瓜中的苦瓜甙和苦味素。

# 黑豆猪肝

## 原料

猪肝 200 克，熟黑豆 75 克，鸡蛋 1 个，黄瓜 25 克，蒜末、水淀粉、盐、味精、面粉、料酒、醋、香油、酱油、食用油各适量。

## 烹饪小窍门

烹调时间不能太短，至少应该在大火中炒 5 分钟以上。

## 制作过程

1. 把猪肝洗净，切成薄片，放碗里，加入鸡蛋、水淀粉和面粉调拌均匀。
2. 黄瓜切片，放入另一碗中，加酱油、盐、料酒、醋、蒜末、味精和水淀粉调成芡汁。
3. 净锅放入食用油，置火上烧热，放入熟黑豆和猪肝片煸炒片刻，烹入兑好的芡汁炒匀，淋上香油，出锅即可。

## 佐酒论效

空腹喝酒后，酒精很快就会进入肝脏内造成直接损伤，干扰肝脏的正常代谢，导致肝功能紊乱，猪肝可补血养肝、益精明目，当下酒菜非常合适。

# 香辣猪尾

## 原料

鲜猪尾600克，葱结20克，红小米椒、干辣椒各10克，姜片、蒜瓣、酱油、盐、辣酱、食用油、味精、香油、葱花各适量。

## 制作过程

1. 鲜猪尾洗净，取中间部分切成段，入沸水锅中汆去杂质，捞出，冲洗干净；红小米椒横切圈。
2. 猪尾段均匀地抹上酱油上色，入油锅炸至外皮起酥时捞出。
3. 锅中倒入食用油烧热，加入姜片、蒜瓣、葱结、红小米椒、干辣椒稍煸，倒进瓦罐中，放猪尾段，加清水，小火煨制2小时，待肉烂骨酥时捞出猪尾。
4. 锅中放食用油烧热，再放入已煨好的猪尾，加盐、味精、辣酱焖3分钟出锅，淋上香油，撒上葱花即可。

## 佐酒论效

猪尾放入锅内焖炖，为其保留了大量的胶原蛋白，使口感滑嫩细腻，同时也不失为一道下酒好菜。

## 烹饪小窍门

新鲜肉类不汆水，可以保留食材原有的香味。

# 桃仁牛肉

## 原料

牛肉200克，核桃仁50克，食用油、红椒、青椒、葱、淀粉、盐、味精、香油、酱油、糖各适量。

## 制作过程

1. 牛肉切成片；核桃仁去掉皮，下入食用油锅中炸酥；葱、青椒、红椒均切段。
2. 把食用油倒入炒锅内烧热，放入葱段爆香，再把青红椒段、牛肉下锅煸炒，烹入酱油，加糖、盐、水、味精，烧入味后下炸酥的核桃仁，再用水淀粉勾芡，淋上香油即可。

## 烹饪小窍门

先把核桃仁炸透，等牛肉快出锅时再加入，这样烹制出的核桃仁更酥脆，口感更佳。

## 佐酒论效

此菜牛肉酥烂、桃仁脆嫩，非常适合下酒。另外，核桃仁具有多种不饱和与单一非饱和脂肪酸，能降低胆固醇含量，因此吃核桃对人的心脏有一定的好处。

# 鲜香牛肝

## 原料

牛肝200克，马蹄、泡椒各50克，水发黑木耳、姜、蒜、香油、酱油、料酒、淀粉、食用油、花椒粉、醋、盐、糖、味精、高汤各适量。

## 制作过程

1. 牛肝撕去表皮，切片待用；马蹄去皮切片；泡椒切碎；水发黑木耳洗净；姜、蒜分别切末。
2. 牛肝加盐、糖、水、淀粉、高汤拌匀，调入泡椒、姜、蒜拌匀腌渍，把酱油、醋、味精、水、淀粉同盛于碗内，加高汤兑成芡汁。
3. 锅中倒食用油烧热，加入牛肝、泡椒、姜、蒜，炒至牛肝发白，加入料酒、马蹄、黑木耳煸炒，倒入芡汁炒匀，调入香油、花椒粉即可。

## 佐酒论效

喝酒后酒精需要在人体内经肝脏代谢，代谢过程中需要多种酶与维生素的参与，酒的酒精度数越高，所消耗的酶与维生素就越多。牛肝含有丰富的维生素A和维生素C，以及微量元素铁、硒，有利于补充酒后微量元素的缺失。

## 烹饪小窍门

牛肝肉质粗糙，炒制的时间不要过长，以防牛肝变老、变硬。

# 辣焖牛腩

## 原料

牛腩500克，红椒、葱、姜、蒜、老抽、腐乳汁、盐、冰糖、料酒、食用油、清汤各适量。

## 制作过程

1. 牛腩放水中浸泡约2小时，去掉血水，切块。
2. 在锅内加水、姜、料酒煮沸，放入牛腩氽烫5分钟后捞出，洗净，沥干备用。
3. 起锅烧热食用油，加蒜、葱、姜、腐乳汁炒香（中途烹入料酒），放牛肉一起炒片刻。
4. 随后加清汤、盐、冰糖、老抽、红椒，大火煮沸，改小火焖至牛肉熟透即可。

## 烹饪小窍门

烧炖牛肉时加少量的醋，可加速牛肉的熟烂，还具有除膻、提香作用。

## 佐酒论效

牛腩富含蛋白质，其氨基酸组成比猪肉更接近人体需要，能起到保护肝脏的作用，补充由于饮酒引起的体内蛋白质缺乏，是下酒良品。

# 茶树菇蒸牛肉

## 原料

牛肉400克，茶树菇30克，盐、蒜蓉、食用油、料酒、姜末、胡椒粉、蚝油、水淀粉各适量。

## 制作过程

1. 牛肉切薄片，加料酒、姜末、胡椒粉、蚝油、水淀粉、食用油腌渍10分钟。
2. 将茶树菇去蒂，泡洗干净，放入盘中，撒上少许盐。
3. 把腌好的牛肉放在茶树菇上，上面再铺一层蒜蓉，入笼蒸15分钟即可。

## 佐酒论效

茶树菇有补肾、渗湿、健脾、止泻、滋阴壮阳、美容保健之功效，对肾虚、水肿、风湿有独特疗效，对降压、防衰、小儿低热、尿床也有辅助治疗功能，民间称之为“神菇”。

## 烹饪小窍门

挑选茶树菇时需注意其是否有清香味，闻起来有霉味的茶树菇是绝对不可以食用的。

# 禽蛋类

## 菠萝鸡丁

### 原料

菠萝 200 克，鸡腿 2 个，青椒、红椒、黄椒各 20 克，酱油、料酒、水淀粉、糖、盐、食用油各适量。

### 制作过程

1. 将鸡腿肉拍松，切丁，用酱油、料酒、水淀粉、糖腌渍，下入食用油锅中，过油后捞起，沥油；青椒、红椒、黄椒切丁；菠萝去皮，切丁。
2. 原锅留底油，倒入鸡丁、青椒丁、红椒丁、黄椒丁煸炒片刻。
3. 再下入菠萝丁翻炒。
4. 加盐调味，用水淀粉勾芡即可。

### 烹饪小窍门

最好选用快成熟的菠萝，不要炒太久，以免菠萝发酸。

### 佐酒论效

人体如果缺少 B 族维生素，就会降低肝脏分解酒精、排解毒素的作用。菠萝含有丰富的 B 族维生素，有养肝护肝的作用。

# 麻辣子鸡

## 原料

子鸡500克，辣椒、青蒜各50克，食用油80毫升，料酒、酱油、醋、香油、清汤、盐、味精、水淀粉各适量。

## 制作过程

1. 将子鸡宰杀好，去毛、内脏、细骨，洗净，切丁，放入盐、酱油、料酒、水淀粉拌匀；辣椒去蒂，去子，洗净，切块；青蒜切斜段，用酱油、醋、味精、香油、清汤、水淀粉调成味汁待用。
2. 炒锅置大火上，放入食用油，烧至七成热，将鸡丁下锅，用手勺推散，约20秒钟后用漏勺捞起。
3. 待油温回升至七成热时，再将鸡丁下锅，炸至金黄色，用漏勺捞起沥油。
4. 锅内留适量油，烧至六成热时下入辣椒块、青蒜段，加盐煸炒，放入炸过的鸡丁合炒，加入味汁，翻炒几下即可。

## 佐酒论效

此菜含有丰富的蛋白质和磷酸，有增强消化能力、提高人体免疫力、养护肝脏的功效。

## 烹饪小窍门

宜选用半岁的子鸡，其鸡肉极嫩，风味最佳。

# 大千子鸡

## 原料

子鸡800克，青椒、红椒各45克，鸡蛋清40毫升，食用油、酱油、淀粉、味精、糖、蒜、糖色、盐、香油、醋各适量。

## 制作过程

1. 子鸡洗净，连骨剁成长条，加入酱油、鸡蛋清、淀粉拌匀，备用。
2. 青椒、红椒洗净，去蒂，切成与鸡块同样大小；蒜切片。
3. 锅内倒入食用油，烧至七成热，倒入鸡块，炒至熟透后捞起沥干。
4. 锅中留适量食用油，下入青椒条、红椒条、蒜片爆香，再倒入鸡块与酱油、味精、糖、醋、糖色、盐、淀粉、香油，快速翻炒均匀即可。

## 烹饪小窍门

翻炒时需快速，以保证入味和上色均匀、鸡肉嫩而不焦。

## 佐酒论效

鸡蛋清富含人体必需的8种氨基酸，有益精补气、润肺利咽、清热解毒、补充优质蛋白质的功效。

# 咖喱鸡

## 原料

鸡肉300克，咖喱粉50克，椰奶100毫升，葱段15克，盐、食用油、鸡汤各适量。

## 制作过程

1. 鸡肉加盐、咖喱粉拌匀稍腌渍，下入食用油锅煎至两边上色，盛出。
2. 原锅下咖喱粉翻炒片刻，然后放入鸡汤。
3. 汤内再入鸡肉，用小火煮至鸡熟。
4. 加入椰奶、葱段，中火收汁，最后加盐调味即可。

## 佐酒论效

咖喱粉的主要成分是姜黄粉、花椒、大料、胡椒、桂皮、丁香和芫荽子等含有辣味的香料，能促进唾液和胃液的分泌，促进胃肠蠕动，增进食欲。

## 烹饪小窍门

腌渍鸡肉时所用的咖喱粉不宜太多。

# 飘香鸡扒

## 原料

鸡脯肉600克，洋葱30克，淀粉15克，酱油、蜂蜜、蚝油、盐、白胡椒、食用油各适量。

## 制作过程

1. 将鸡脯肉切成两片，去掉表面筋膜；洋葱切成细丝。
2. 鸡肉中放入洋葱、酱油、蜂蜜、蚝油、盐、白胡椒，拌匀后加盖腌渍2小时。
3. 将腌好的鸡脯肉去掉洋葱，沥干水分，放入淀粉中裹匀，用手稍稍压紧，以防脱落。
4. 锅中倒入食用油，烧到四成热时，放入鸡脯肉，用中火慢慢炸至金黄色、出香味，捞出后将多余的油沥去即可。

## 烹饪小窍门

腌渍鸡肉时需加盖，放入冰箱冷冻一夜，效果会更好。

## 佐酒论效

鸡肉蛋白质含量较高，且易被人体吸收利用，既能补充酒精新陈代谢时需要的蛋白质，又有增强体力、强壮身体的作用。

# 香菇蒸滑鸡

## 原料

鸡肉700克，香菇20克，枸杞子10克，姜、葱、酱油、盐、食用油、淀粉、料酒各适量。

## 制作过程

1. 香菇用水泡发后洗净，切块；鸡肉切小块；葱、姜切丝备用。
2. 将姜丝拌入鸡块中，加入盐、酱油、淀粉和料酒，倒入适量食用油，腌渍30分钟。
3. 加入香菇、葱丝、枸杞子，入锅蒸15分钟后，再焖3分钟即可。

## 佐酒论效

B族维生素可促进肝脏分解酒精、排解毒素的作用。香菇味甘，性平，富含B族维生素、铁、钾、维生素D原（经日晒后转成维生素D），此菜有鸡的香嫩、香菇的功效，非常适合配酒食用。

## 烹饪小窍门

浸泡香菇的水中含有较多营养物质，不宜丢弃。

# 香辣鸡柳

## 原料

鸡脯肉 400 克，盐 5 克，辣椒粉 10 克，花椒粉 3 克，白胡椒 5 克，酱油 15 毫升，料酒 15 毫升，蜂蜜 15 毫升，淀粉、食用油各适量。

## 制作过程

1. 鸡脯肉洗净后撕去表面筋膜，切成手指粗细的鸡柳。
2. 将鸡柳加入盐、酱油、料酒、辣椒粉、花椒粉、白胡椒、蜂蜜，拌匀后腌渍 30 分钟。
3. 将淀粉倒入盘子中，放入鸡柳依次裹上一层淀粉，轻轻压紧。
4. 锅中倒入食用油，烧至四成热，下入鸡柳炸至表面金黄色即可。

## 烹饪小窍门

腌渍鸡肉的时候酱油不要放太多，使鸡肉微微发红即可，否则经过油炸之后颜色会变得很深。

## 佐酒论效

空腹喝酒，酒精容易直接刺激、破坏胃黏膜表面的黏液保护层，加速胃酸分泌，使胃黏膜被胃液侵蚀，轻者引发胃炎，重者导致胃溃疡。配菜饮酒，能减缓血液吸收酒精的速度，保护胃部。

# 双瓜辣椒炒鸡肝

## 原料

丝瓜、黄瓜各 80 克，鸡肝 50 克，辣椒 10 克，姜、食用油、盐、料酒、水淀粉、香油各适量。

## 制作过程

1. 丝瓜去皮、子，黄瓜洗净，各切菱形片；鸡肝切薄片，用盐、料酒、水淀粉腌渍 5 分钟；辣椒切片；姜去皮，切片。
2. 锅内加水，置于火上，待水煮沸后放入鸡肝，烫至八成熟，捞起沥干待用。
3. 起锅，倒入食用油，下姜片、丝瓜片、黄瓜片、辣椒片炒片刻，再加鸡肝炒透，用水淀粉勾芡，淋入香油即可。

### 烹饪小窍门

鸡肝血水较多，烹饪时要注意火候。

### 佐酒论效

丝瓜含皂苷、苦味质、微量瓜氨酸和葫芦素 B，有清热解毒、利尿消肿、活血通络的功效，体内虚寒、易腹泻者不宜多食。

# 西蓝花鸡肫

## 原料

西蓝花 200 克，鸡肫 100 克，姜、胡萝卜、葱各 10 克，食用油、盐、味精、糖、胡椒粉、料酒、水淀粉各适量。

## 烹饪小窍门

此菜不宜炒得太老，否则不脆嫩。

## 制作过程

1. 鸡肫去老皮，切球状，加料酒、胡椒粉腌渍；西蓝花切小朵；姜、胡萝卜分别去皮，切片；葱切成小段。
2. 锅内加水，置于火上，放入鸡肫用中火煮至硬身，捞起沥干。
3. 锅中倒入食用油，放姜片、胡萝卜片、西蓝花炒至将熟，下入鸡肫球、盐、味精、糖炒透，再用水淀粉勾芡即可。

## 佐酒论效

鸡肫有极好的消食导滞作用，可帮助消化、健脾补胃，治食积胀满、呕吐反胃、消渴遗积等。

# 苹果煎蛋饼

## 原料

苹果300克，鸡蛋5个，鲜奶100毫升，糖25克，食用油适量。

## 制作过程

1. 鸡蛋打散，加入鲜奶、糖搅拌；苹果去核，切成薄片。
2. 锅中倒入食用油，下入蛋液用小火煎成蛋饼。
3. 放入苹果片，均匀铺在蛋饼上。
4. 待蛋饼底部熟后再翻面，煎熟，铲起，切块，装盘即可。

## 佐酒论效

苹果富含镁、硫、铁、铜、碘、锰、锌等矿物质，其中的胶质和矿物质铬能保持血糖的稳定，降低血胆固醇，但肾炎和糖尿病患者不宜多吃。

## 烹饪小窍门

苹果容易氧化，切片后如果不马上食用，可先放在清水中浸泡。

# 香煎蛋饺

## 原料

鸡蛋5个，猪瘦肉30克，香菇、西芹各10克，食用油60毫升，盐6克，水淀粉适量。

## 制作过程

1. 鸡蛋打散，猪瘦肉、香菇、西芹切末待用。
2. 烧锅下食用油，放入猪瘦肉末、香菇末、西芹末，加盐炒至入味，用水淀粉勾芡，盛出。
3. 另起锅烧热，下入食用油，倒入蛋液，再放上炒好的猪瘦肉末、香菇末、西芹末，把蛋皮折成饺子形状，出锅即可。

## 烹饪小窍门

卷蛋皮的时候尤其要注意别弄破蛋皮，否则煎出来的蛋饺会不美观。

## 佐酒论效

芹菜含铁量较高，有平肝降压、养血补虚的功效，肠滑不固、血压偏低者少食，脾胃寒湿气滞或皮肤瘙痒病患者忌食。

# 猪肝笋丝炒鸡蛋

## 原料

猪肝300克，鸡蛋4个，笋条150克，盐、糖、鸡精、食用油各适量。

## 制作过程

1. 猪肝切片，加盐腌渍片刻；鸡蛋打散，搅成蛋液待用。
2. 锅内倒入食用油，烧热后下猪肝炒熟。
3. 加入笋条稍炒几下。
4. 倒入蛋液以小火炒熟，加糖、鸡精、盐调味，装盘即可。

### 烹饪小窍门

猪肝片尽量切得均匀些，以免炒制时生熟不均。

### 佐酒论效

经常食用动物肝能补充维生素 $B_2$，这对补充机体重要的辅酶，完成机体排毒有重要作用。

# 三鲜黑米蛋卷

## 原料

黑米饭400克，鸡蛋4个，熟火腿、香菇各50克，虾米20克，熟鸡脯肉100克，水淀粉、盐、鸡精、胡椒粉、香油、食用油各适量。

## 制作过程

1. 鸡蛋打散，加入水淀粉搅拌成稀浆；香菇、虾米分别浸泡片刻，浸好后捞起，香菇切丁；熟鸡脯肉洗净切丁；熟火腿切丁。
2. 将香菇丁、虾米、熟火腿丁、熟鸡脯肉丁放入黑米饭中，加入盐、鸡精、胡椒粉、香油拌匀。
3. 锅中加食用油烧热，舀入蛋液（留下少量蛋液待用）摊成蛋皮，取出后再涂上剩余蛋液，放入拌好的黑米饭，压平卷起。
4. 锅中倒入食用油烧至六成热，加入蛋卷，炸至金黄色捞出，切段装盘即可。

## 佐酒论效

鸡蛋是人类最好的营养来源之一，鸡蛋中含有大量的维生素和矿物质，以及有高生物价值的蛋白质，能有效补充喝酒后新陈代谢中人体缺失的蛋白质，还可保护肝脏。

## 烹饪小窍门

黑米的米粒外部有一层坚韧的种皮包裹，不易煮烂，故黑米应浸泡一夜后再煮。

# 包心菜炒鸡蛋

### 原料

包心菜100克，鸡蛋3个，胡萝卜50克，姜、葱、胡椒粉、盐、食用油各适量。

### 制作过程

1. 包心菜切丝，胡萝卜去皮切小丁，姜切细丝，葱切葱花。
2. 鸡蛋打散，加盐和胡椒粉拌匀。
3. 锅内倒入食用油，先放入胡萝卜丁煸炒1分钟，再放入包菜丝和姜丝，大火翻炒至熟，加盐炒匀。
4. 锅内倒入鸡蛋液，将其快速滑炒成形后，放入葱花，炒匀装盘即可。

### 佐酒论效

包心菜富含维生素C、叶酸，有补骨髓、润脏腑的功效，也适合动脉硬化、胆结石患者食用。

### 烹饪小窍门

炒包心菜时应避免炒熟过头，否则吃起来没有爽脆口感。

# 牛肉滑蛋

## 原料

牛肉 200 克，鸡蛋 4 个，料酒 15 毫升，淀粉 8 克，食用油 12 毫升，葱、盐、鸡精、酱油各适量。

## 制作过程

1. 牛肉切片，加料酒、盐、鸡精、酱油反复搅拌，再加淀粉拌匀；鸡蛋打散，加盐和鸡精搅匀；葱切葱花。
2. 锅内倒入食用油，烧热后倒入牛肉片，迅速搅开，熟后立即捞出。
3. 锅内留少许油，倒入鸡蛋液，炒至半熟时加入牛肉片。
4. 翻炒至蛋熟透后，出锅装盘，撒上葱花即可。

## 烹饪小窍门

炒滑蛋时，应将大部分的蛋液炒至凝固状，而剩下的则令其呈黏稠状，这样才会有嫩滑的口感。

## 佐酒论效

此菜富含蛋白质，有补中益气、滋养脾胃的功效，但感染性疾病、肝病、肾病患者慎食。

# 金针菇炒鸡蛋

## 原料

金针菇 300 克，鸡蛋 4 个，食用油 10 毫升，蒜末、葱丝、盐、酱油各适量。

## 制作过程

1. 鸡蛋打散，加盐搅匀；金针菇切去老根，洗净沥干。
2. 锅内倒入食用油，下入鸡蛋液，小火慢煎至蛋液底部凝固，翻面煎 15 秒，铲起。
3. 锅内下食用油，加蒜末爆香，倒入金针菇翻炒几下。
4. 放入煎好的鸡蛋，快速翻炒至金针菇变软后，下酱油、盐调味，撒上葱丝即可。

## 烹饪小窍门

可以多放一些金针菇，因为金针菇炒熟后，实际分量看起来显得比较少。

## 佐酒论效

金针菇含有的人体必需氨基酸成分较全，可降低胆固醇、抑制血脂升高，减少心血管疾病的发生。

# 榨菜炒鸡蛋

## 原料

榨菜50克，鸡蛋3个，葱、食用油各适量。

## 制作过程

1. 葱切成葱花，鸡蛋打散成蛋液。
2. 锅置火上烧热，倒入食用油，下入鸡蛋液，快速将其翻炒成小块状。
3. 倒入榨菜，翻炒均匀后加入少量水。
4. 放入葱花，炒匀后装盘即可。

## 佐酒论效

榨菜的成分主要是蛋白质、胡萝卜素、膳食纤维、矿物质，有健脾开胃、补气添精、增食助神的功效。

## 烹饪小窍门

因榨菜里已经有盐分，所以炒此菜时不需再放盐。

# 酸甜炸蛋

## 原料

鸡蛋 4 个，番茄酱、醋、食用油各适量。

## 烹饪小窍门

鸡蛋可一个个下油锅炸，也可以一起下油锅炸，而后者会粘成一大片，依个人喜好而定。

## 制作过程

1. 鸡蛋打散。
2. 锅内倒入食用油，下鸡蛋液，小火炸至金黄色，捞起沥干油，装入盘中。
3. 另起锅加水，下番茄酱、醋煮沸。
4. 将番茄酱汁淋在炸鸡蛋上即可。

## 佐酒论效

番茄酱中除了番茄红素外，还有 B 族维生素、膳食纤维、矿物质、蛋白质及天然果胶等。白葡萄酒搭配此菜肴，滋味妙绝。

# 猪蹄姜醋蛋

## 原料

猪蹄 1 只，鸡蛋 2 个，甜醋 120 毫升，姜 50 克。

## 制作过程

1. 鸡蛋煮熟，去壳备用；姜去皮，洗净，用刀拍碎；猪蹄去毛，斩件，入锅汆水，捞起备用。
2. 锅中倒入足量甜醋，放入姜、鸡蛋、猪蹄煮至入色入味后关火。
3. 在甜醋中浸 3 小时后，再开火煮 30 分钟即可。

### 烹饪小窍门

泡制的时间越长，鸡蛋及姜的味道就越好，吃了觉得不够，还可以循环加原料再煮。

## 佐酒论效

猪蹄富含胶原蛋白，能有效减缓人体对酒精的吸收速度，此外还有保护肝脏的作用。另外，猪蹄的脂肪含量也低于肥肉，常食可增强皮肤弹性和韧性，防治皮肤干瘪起皱。

# 莲藕鸡蛋丸

## 原料

莲藕300克，鸡蛋2个，面粉40克，食用油30毫升，酱油5毫升，盐、水淀粉各适量。

## 制作过程

1. 鸡蛋打散，顺时针搅拌均匀；莲藕去皮，洗净剁碎，用鸡蛋液、盐、面粉拌成藕馅，捏成若干丸子备用。
2. 锅中倒食用油，烧至六成热后下藕丸炸至金黄色，出锅沥油。
3. 另起锅加水煮沸，加入藕丸煮沸，调入酱油，加盖烧5分钟，再用水淀粉勾芡即可。

## 佐酒论效

莲藕富含铁、钙等矿物质，植物蛋白质、维生素及淀粉含量也很丰富，营养价值很高，有明显的补益气血、增强人体免疫力的功效。

## 烹饪小窍门

挑选莲藕时，应以外皮黄褐色、肉身肥白者为佳。如果发黑，有异味，则不宜食用。

# 黄花菜炒鸡蛋

## 原料

黄花菜150克，鸡蛋4个，葱丝、食用油、盐、醋、糖各适量。

## 制作过程

1. 黄花菜泡发，摘根，切成小段；鸡蛋打散，加盐搅匀。
2. 锅内倒入食用油，将鸡蛋液放入油锅摊煎熟。
3. 倒入切好的黄花菜翻炒，加入盐、醋、糖翻炒均匀，出锅装盘，撒上葱丝即可。

## 佐酒论效

喝酒时常以荤食下酒，这些荤食多属于酸性食物，配以碱性蔬菜一起食用有利于保持体内酸碱平衡。黄花菜是著名的碱性食物，还可健身、强体，健脑、益智。

## 烹饪小窍门

炒黄花菜时加点水，可使口感湿润不发干。

# 玉米蛋黄

## 原料

玉米300克，咸鸭蛋3个，盐2克，食用油适量。

## 烹饪小窍门

剥玉米粒时，可利用勺子或刀柄。

## 制作过程

1. 玉米放入沸水蒸锅中蒸熟，取出后将玉米粒剥下，加食用油、盐拌匀。
2. 咸鸭蛋取蛋黄碾成泥。
3. 锅内放少许食用油，烧至温热后下玉米粒稍炒。
4. 放蛋黄泥略翻炒，使蛋黄裹匀玉米粒，起锅装盘，即可。

## 佐酒论效

蛋黄中有宝贵的维生素A和维生素D，还有维生素E和维生素K，这些都是“脂溶性维生素”。而水溶性的B族维生素，也绝大多数存在于蛋黄之中，对帮助肝脏工作、养肝护肝有重要作用。

# 糖醋炸皮蛋

## 原料

皮蛋5个，洋葱20克，青椒15克，红椒10克，食用油30毫升，盐3克，糖15克，醋10毫升，番茄酱20克，水淀粉适量。

## 制作过程

1. 皮蛋煮熟，去壳，切成瓣；洋葱去外层，切片；红椒、青椒均切菱形片。
2. 锅内下食用油，待油温至100℃时，将皮蛋拍上淀粉，逐片下入油锅，炸至硬身捞起。
3. 另起锅下食用油，放入洋葱片、青椒片、红椒片稍炒。
4. 加水、盐、糖、醋、番茄酱，下炸皮蛋烧透，用水淀粉勾芡即可。

## 佐酒论效

糖对肝脏具有保护作用，醋能解酒，还可增进食欲、帮助消化。糖醋类食物既美味、口感丰富，同时又对解酒有作用，实为下酒之选。

## 烹饪小窍门

炸皮蛋时的油温要控制好，一定要到100℃时下锅开炸，否则皮蛋容易破碎。

# 茶树菇炒鸡蛋

## 原料

茶树菇 30 克，鸡蛋 5 个，红椒 10 克，姜、蒜、食用油、胡椒粉、盐各适量。

## 制作过程

1. 鸡蛋打散，加盐搅匀；茶树菇切段；红椒切段；姜切丝；蒜去衣，拍碎。
2. 锅内倒入食用油，下鸡蛋液炒散，铲起。
3. 余油爆香姜、蒜，放茶树菇翻炒至软，加红椒、胡椒粉炒匀。
4. 倒入鸡蛋炒匀，放盐调味后装盘即可。

## 烹饪小窍门

选购茶树菇时重点闻其是否清香，闻起来有霉味的茶树菇是绝对不可以食用的。

## 佐酒论效

茶树菇含有丰富的 B 族维生素，对帮助肝脏工作、养肝护肝可起到重要作用。另外其还含有钾、钠、钙、镁、铁、锌等矿物质，有益气健胃、补虚扶正的功效。

# 口蘑炒鸡蛋

## 原料

口蘑 100 克，鸡蛋 4 个，葱 10 克，食用油 20 毫升，盐 2 克。

## 制作过程

1. 鸡蛋打散搅匀，口蘑切片，葱切葱花。
2. 锅内倒入食用油，放葱花爆香，倒入蛋液炒散，铲起。
3. 原锅加食用油，倒入口蘑片炒熟。
4. 再加入鸡蛋一起翻炒，放盐调味，装盘即可。

## 佐酒论效

鸡蛋中的蛋白质有修复肝脏组织损伤的作用，蛋黄中的卵磷脂还可促进肝细胞的再生；口蘑中含有的酪氨酸酶，对降低血压有明显效果，便泄者需慎食。

## 烹饪小窍门

口蘑可先入沸水烫过再炒。

# 花椰菜炒蛋

## 原料

花椰菜250克，鸡蛋2个，葱花、食用油、料酒、高汤、糖、盐、酱油各适量。

## 制作过程

1. 花椰菜洗净，择成小朵；鸡蛋磕入碗中，加盐、料酒、酱油搅匀。
2. 把花椰菜入沸水锅中汆熟，捞起沥水。
3. 锅上火，放食用油烧热，下鸡蛋液炒至凝固，放花椰菜、糖、高汤，撒葱花，炒匀即成。

### 烹饪小窍门

选购鸡蛋时可用手摸一下蛋壳，好的鲜蛋蛋壳粗糙，无裂纹。

### 佐酒论效

花椰菜含高膳食纤维，能促进肠胃蠕动，有助于清除宿便，让体内废物顺利排出，改善便秘症状，防止大腹便便。

鱼肉类

# 渝香鱼米粒

## 原料

鲜鱼肉 200 克，洋葱 40 克，玉米粒 50 克，盐、味精、料酒、鸡蛋清、水淀粉、花椒粒、青辣椒、红辣椒、食用油各适量。

## 制作过程

1. 鲜鱼肉洗净，切粒，加盐、料酒、鸡蛋清、水淀粉腌渍上浆。
2. 青辣椒、红辣椒、洋葱均洗净，切片；玉米粒洗净。
3. 锅入食用油烧热，入鱼肉粒炸至金黄色，盛出沥油。
4. 再热油锅，入花椒粒、洋葱片、青辣椒片、红辣椒片、玉米粒煸炒至香，调入盐、味精炒匀，放入鱼肉粒同炒至熟，起锅装盘即可。

### 烹饪小窍门

用小火炸鱼粒，口感会更好。

### 佐酒论效

鱼肉味道鲜美，不论是食肉还是作汤，都清鲜可口，引人食欲。鱼肉还含有大量的维生素 A、维生素 D、维生素 $B_1$、烟酸、铁、钙、磷等，有养肝补血的作用。

# 冬笋炒武昌鱼

## 原料

冬笋 200 克，武昌鱼 500 克，猪瘦肉 50 克，鲜香菇 15 克，料酒、酱油、水淀粉、熟猪油、香油各适量。

## 制作过程

1. 将武昌鱼外皮撕下，切成小四方块；猪瘦肉切成薄片，冬笋切成长片。
2. 炒锅放在大火上，下熟猪油烧至七成热时，下冬笋片，炸 5 分钟至呈金黄色时，用漏勺捞起沥干油。
3. 炒锅放在小火上，舀入熟猪油烧热，放香菇、武昌鱼块、猪瘦肉片稍炒，加清水、酱油、过油冬笋片，焖炒 30 分钟。
4. 调入料酒、味精，用水淀粉调稀勾芡，淋上香油即可。

## 烹饪小窍门

做菜时，要注意炒冬笋的油温不要太高了，否则不能使冬笋里熟外白。

## 佐酒论效

武昌鱼富含多种氨基酸、维生素以及丰富的膳食纤维，能促进肠道蠕动。膳食纤维能减缓酒精的吸收，有保护肝脏的作用。

# 香辣麻仁鱼条

## 原料

草鱼400克，鸡蛋、芝麻、红辣椒、香菜、小麦面粉、食用油、料酒、盐、味精、糖、葱、姜、香油、淀粉、鲜汤、花椒各适量。

## 制作过程

1. 将鸡蛋磕在碗内，放入小麦面粉、淀粉和水调成蛋糊。
2. 红辣椒去子，切粒；姜切末；葱切成花。
3. 将草鱼肉切成方条，用料酒、盐、糖、味精腌渍一下，放入鸡蛋糊内拌匀，逐条粘上芝麻，变成麻仁鱼条，用盘装上；将鲜汤、水淀粉、香油、葱花兑成汁备用。
4. 锅内放食用油烧到六成热，将麻仁鱼条放入，炸至呈金黄色，倒入漏勺沥干油。
5. 锅内留底油，下红辣椒粒、姜末、花椒炒出香辣味，倒入麻仁鱼条和兑汁，翻炒几下，装入盘内，撒上香菜即成。

## 佐酒论效

草鱼具有暖胃和中、平降肝阳之功效，而芝麻含亚油酸、维生素E，多食芝麻，既润肤又养血。

## 烹饪小窍门

炸鱼的要领是油温要高，火要大。油温一般在170～230℃之间。

# 糖醋鳜鱼卷

## 原料

鳜鱼1200克，鲜香菇、冬笋、马蹄、鸡蛋、醋、糖、淀粉、葱、姜、蒜、盐、料酒、酱油、高汤、味精、食用油各适量。

## 制作过程

1. 鳜鱼切成长片，用盐、糖、料酒、味精拌匀，腌渍10分钟。
2. 鲜香菇、冬笋、马蹄、葱、姜分别切成细丝；鸡蛋去蛋黄，用鸡蛋清兑淀粉调成稀糊。
3. 鱼片平铺案上，抹上蛋清稀糊，将香菇丝、冬笋丝、马蹄丝分别放在鱼片的一端，卷制成鱼卷。
4. 锅烧热食用油，鱼片蘸上淀粉下油锅炸熟，放葱丝、姜丝、蒜稍煸，再加酱油、醋、糖、高汤、料酒煮沸，勾芡即可。

## 佐酒论效

鳜鱼富含蛋白质、脂肪、维生素 $B_1$、维生素 $B_2$、烟酸及各种矿物质等营养成分，其中富含的B族维生素能补充因饮酒过多造成的体内B族维生素的流失。

## 烹饪小窍门

鸡蛋去蛋黄时，可先把鸡蛋磕在碗里，过后用一个空饮料瓶口对着蛋黄，蛋黄一吸就出来了。

# 糖醋鲫鱼

## 原料

鲫鱼750克，洋葱100克，糖、醋、盐、番茄酱、料酒、葱段、姜片、淀粉、食用油各适量。

## 制作过程

1. 将鲫鱼清洗干净，去脊骨及腹刺，用料酒、葱段、姜片腌渍5分钟入味，沥干水分，蘸上淀粉备用。
2. 锅中倒适量食用油烧热，放入鱼炸至金黄色，捞起，盛入盘内。
3. 锅中留余油烧热，把洋葱丁炒香，再放入番茄酱、料酒、糖、醋、盐，煮沸，用水淀粉勾芡，淋在鱼上即可。

## 烹饪小窍门

切洋葱时特别容易刺激眼睛，可把洋葱先放在冰箱里冷冻一会，然后再拿出来切。

## 佐酒论效

酒的主要成分是乙醇，进入人体需要在肝脏分解转化后才能排出体外，而这个过程就会加重肝脏的负担。糖对肝脏具有保护作用，所以下酒菜里最好有一两款甜菜。此菜既有鲫鱼的鲜嫩，又有糖的甜味，是下酒菜的好选择。

# 牛奶柠檬鳕鱼

## 原料

鳕鱼200克，牛奶500毫升，柠檬汁200毫升，面粉20克，淀粉20克，盐、糖、食用油各适量。

## 制作过程

1. 鳕鱼清洗干净，沥干后加盐腌渍片刻；淀粉与面粉以1:1比例混合，放入鳕鱼蘸上粉。
2. 锅中倒入食用油，将鳕鱼轻放入锅中，煎至浅黄色，盛出装盘。
3. 锅里倒入牛奶、糖、盐、柠檬汁，烧热后拌匀，淋在鱼身上即可。

## 佐酒论效

鳕鱼含丰富的蛋白质、维生素A、维生素D、钙、镁、硒等营养物质，营养丰富、肉味甘美。此外，鳕鱼肉中还含有丰富的镁元素，对心血管系统有很好的保护作用，有利于预防高血压、心肌梗死等心血管疾病。此菜配以白葡萄酒，则味道层次更丰富。

## 烹饪小窍门

鳕鱼常将头、皮去掉，以冻品的方式出售，常用烧、蒸、油炸等方法成菜。

# 糖酱黄鱼

## 原料

大黄鱼 1000 克，糖 20 克，酱油、姜、葱、醋、食用油、味精各适量。

## 烹饪小窍门

炸鱼的时候不必炸得太焦。

## 制作过程

1. 将大黄鱼去鳞、鳃、内脏，洗净沥干，切成大块。
2. 姜去皮，切片；葱切段。
3. 锅内放食用油，烧至八成热时，把鱼放入锅内炸，两面都炸黄时，捞出，沥干油。
4. 锅留底油，加酱油、糖、姜片、葱段、醋，大火煮沸，加鱼块用小火慢熬至汁浓稠，加味精即成。

## 佐酒论效

此菜香甜可口，适宜佐酒食用。另外大黄鱼的脂肪多为不饱和脂肪酸，能很好地降低胆固醇，可有效预防动脉硬化、冠心病等疾病的发生。

# 椒盐鱼条

## 原料

大黄鱼1000克，鸡蛋2个，淀粉10克，椒盐20克，盐、料酒、葱、姜、味精、食用油、熟猪油各适量。

## 制作过程

1. 姜、葱切末，待用。
2. 大黄鱼宰杀好，取净鱼肉，切成条，放入碗里，放盐、料酒、葱末、姜末腌渍30分钟。
3. 鸡蛋、淀粉搅成蛋面糊，再加熟猪油搅匀，涂抹在鱼条上。
4. 坐锅点火，放入食用油烧至六成热，再放鱼条，炸至金黄色时捞起，再用冷油淋一下，装盘，配上一小碟椒盐即成。

## 佐酒论效

黄鱼含有丰富的蛋白质、微量元素和维生素，能为人体酒后新陈代谢提供重要作用，还可提供足量的蛋白质，保护肝脏。

## 烹饪小窍门

做蛋面糊时要加熟猪油（溶化）才能使糊面光滑。鱼炸熟后捞起要淋上冷油，以保肉质酥脆。

# 豆制品类

## 糖醋豆腐丸子

### 原料

豆腐350克，面粉20克，鸡蛋1个，青椒粒、红椒粒各10克，洋葱15克，糖、番茄酱各2克，醋、料酒、酱油各5毫升，香油2毫升，葱4克，姜末3克，淀粉、盐、味精、清汤、食用油各适量。

### 制作过程

1. 豆腐搅碎，加入盐、味精、鸡蛋、淀粉、面粉调拌均匀，挤成蛋黄大小的丸子，放入六成热食用油中炸透，呈金黄色时捞出，沥油。
2. 原锅留少许底油，用葱、姜末炝锅，放入洋葱、青椒粒、红椒粒煸炒。
3. 加料酒、番茄酱、糖、醋、酱油，添适量清汤煮沸，用水淀粉勾芡，再放入炸好的豆腐丸子，翻熘均匀，淋入香油，出锅装盘即可。

### 烹饪小窍门

调制豆腐馅要有一定的黏稠度，否则无法挤成丸子。

### 佐酒论效

此菜富含蛋白质、碳水化合物和钙、铁、磷、钾、镁等矿物质，有养心益肾、健脾厚肠的功效。

# 洪武豆腐

## 原料

豆腐500克，猪瘦肉100克，虾仁30克，盐、味精、鸡蛋清、淀粉、熟猪油、葱花、姜末、糖、山楂丁、醋各适量。

## 制作过程

1. 将猪瘦肉、虾仁一起剁成泥，放入碗中，加入盐、味精和水，搅成肉馅；豆腐切成直径约3厘米的圆柱体，再切成约0.4厘米厚的片，每两片中间夹入肉馅做成豆腐坯；鸡蛋清放在碗内，用筷子搅成泡沫状，放入淀粉调成糊，抹在豆腐坯上。
2. 炒锅放大火上，放入熟猪油，烧至六成热，将豆腐坯下锅炸至发泡浮起，呈浅黄色时捞起。待油温升至七成热时，再下锅炸至呈金黄色，倒入漏勺沥油后装盘。
3. 原锅留适量底油，大火烧热，下葱花、姜末，煸出香味，倒入清水150毫升，加糖熬至起泡时，放入山楂丁、醋搅成糖醋汁，再用淀粉调稀勾芡，淋在豆腐上即可。

## 佐酒论效

大豆中的胆碱，如海鲜中的牛磺酸、肉类中的胆碱一样，能够预防肝脏中的酒精变成脂肪蓄积。

## 烹饪小窍门

烹调时动作要轻，切不可将豆腐碰碎。

# 莴笋炒豆腐

## 原料

莴笋150克，豆腐500克，姜15克，盐3克，味精1克，食用油适量。

## 烹饪小窍门

莴笋怕咸，因此此菜要少放盐才好吃。

## 制作过程

1. 莴笋切片，豆腐切成1厘米厚的块，姜切末。
2. 锅内倒食用油加热，放姜末爆炒出香味后，加半碗水，放入莴笋，立即加盖，焖2分钟。
3. 待莴笋焖熟后，放入豆腐，调入味精、盐，轻轻翻炒几下，铲起装盘即可。

## 佐酒论效

莴笋中含钾量较高，有利于促进排尿，作为下酒菜，有利于酒精的分解排泄。

# 芋头豆腐

## 原料

芋头150克，豆腐400克，葱白25克，红椒10克，辣椒酱30克，水淀粉、花椒粉各10克，盐5克，生抽15毫升，味精3克，香油、蚝油各10毫升，糖2克，料酒15毫升，五香粉8克，食用油50毫升，高汤适量。

## 制作过程

1. 芋头去皮，切成滚刀块；豆腐切成厚片；红椒去蒂，切片；葱白切段。
2. 芋头装盘，用盐、五香粉拌匀，入笼蒸熟。
3. 锅内倒入食用油烧至八成热，下豆腐片炸至金黄色，捞出。
4. 锅置火上，放食用油烧至五成热，下辣椒酱、红椒片炒出味后，下入高汤、料酒、盐、糖、蚝油、生抽、芋头块、豆腐片、葱白段，烧至入味，放水淀粉、花椒粉翻炒均匀，加味精，淋香油，起锅入盘即可。

## 烹饪小窍门

生芋汁易引起局部皮肤过敏，可用姜汁擦拭以解之。

## 佐酒论效

此菜浓香醇厚、汁美质嫩，家常风味，搭配酒、饭均可。芋头含有一种黏液蛋白，被人体吸收后能产生免疫球蛋白，可提高人体的抵抗力；食滞胃痛、肠胃湿热者忌食。

# 炸芝麻豆腐

## 原料

豆腐400克，芝麻150克，面粉、料酒、盐、味精、五香粉、姜末、食用油各适量。

## 制作过程

1. 豆腐搅成细泥，加入料酒、盐、味精、五香粉、姜末、面粉调匀成馅。
2. 芝麻铺在盘内；将调好的豆腐馅挤成蛋黄大的丸子，置盘内沾匀芝麻，用手压成小圆饼。
3. 锅内加食用油烧至五成热，把豆腐饼炸透捞出，摆入盘内。

## 佐酒论效

此菜含有丰富的蛋白质和膳食纤维、B族维生素，能减缓酒精的吸收、保护肝脏，补充酒后人体内元素的缺失。

## 烹饪小窍门

芝麻外面有一层稍硬的膜，把它碾碎才能使人体吸收到营养。

# 豉椒豆腐

## 原料

豆腐450克，红椒、青椒各30克，洋葱50克，豆豉20克，蒜5克，酱油、香油各5毫升，盐3克，糖2克，食用油15毫升，水淀粉3毫升，清汤适量。

## 制作过程

1. 豆腐切成长方片，放入食用油锅中炸至金黄色捞出。
2. 红椒、青椒、洋葱均切成小片，蒜切成末，豆豉用水泡软剁碎。
3. 起锅倒入食用油烧热，放蒜末、豆豉煸炒出香味，加入酱油、盐、糖、清汤，再加入红椒片、青椒片、洋葱片煸炒。
4. 下入炸豆腐稍炒片刻，用水淀粉勾芡，淋入香油即可。

## 佐酒论效

青椒中含有的维生素P可强健毛细血管，预防动脉硬化与胃溃疡等疾病的发生。

## 烹饪小窍门

切洋葱时眼睛特别容易流泪，只要先把洋葱放在冷水里浸一会儿，把刀也浸湿，再切洋葱时就不会流眼泪了。

# 茶树菇炒豆腐

## 原料

茶树菇 200 克，豆腐 500 克，红椒、青椒各 20 克，口蘑 30 克，盐 2 克，姜 3 克，食用油、蚝油、水淀粉各适量。

## 制作过程

1. 红椒、青椒分别去蒂，切菱形片；口蘑切片；豆腐切小块；姜切片。
2. 锅中倒食用油烧热，先下姜片爆香，再放入豆腐，小火煎至两面金黄。
3. 把豆腐稍推至锅外沿，再放入茶树菇、口蘑炒香后，再与豆腐一起拌炒均匀。加入蚝油和清水，炒匀后
4. 用小火慢慢烧至入味，5 分钟后再放入盐调味，最后放入青椒片、红椒片拌炒几下，用水淀粉勾芡，盛起装盘即可。

## 佐酒论效

喝酒会影响人体的新谢代谢，容易造成体内缺乏蛋白质。茶树菇营养丰富，所含蛋白质中有 18 种氨基酸，人体必需的 8 种氨基酸含量齐全，配酒食用能补充酒后人体缺乏的蛋白质。

## 烹饪小窍门

茶树菇味甜，最适合炒制。

# 麻辣豆腐干

## 原料

豆腐干400克，干红辣椒15克，花椒10克，盐4克，味精2克，食用油50毫升。

## 制作过程

1. 花椒在食用油锅中稍炸，擀碎；豆腐干切成约1厘米见方的小丁；干红辣椒切碎。
2. 锅内倒食用油烧热，放豆腐干丁稍炸，捞出沥油。
3. 原锅留余油，放入碎干红辣椒、花椒炝锅。
4. 倒入豆腐干丁炒匀，撒入盐、味精炒匀即可。

## 佐酒论效

此菜色泽金红，干香麻辣，下酒滋味非常妙。此菜还富含维生素C，可以控制心脏病及冠状动脉硬化，降低胆固醇。

## 烹饪小窍门

在切干红辣椒时，先将刀在冷水中蘸一下，再切时就不会辣到眼睛。

# 辣椒炒干丝

## 原料

豆腐干400克，红辣椒20克，青辣椒30克，盐3克，酱油5毫升，糖3克，花椒油、食用油各适量。

## 制作过程

1. 红辣椒、青辣椒分别去子，切成细丝；豆腐干切丝。
2. 起锅倒入食用油烧热，放入豆腐干丝略炒。
3. 下入红辣椒丝、青辣椒丝，调入酱油、盐、糖，用大火翻炒片刻，再淋入花椒油，稍炒片刻，盛起装盘即可。

## 佐酒论效

豆腐干含有的卵磷脂可除掉附在血管壁上的胆固醇，防止血管硬化，起到预防心血管疾病、保护心脏的作用。

## 烹饪小窍门

由于辣椒中的维生素C不耐热，容易被高温破坏，在铜器中更是如此，所以应该避免使用铜质餐具。

# 雪菜炒豆干

## 原料

雪菜 100 克，豆腐干 300 克，干辣椒 50 克，青椒 10 克，盐 3 克，糖 2 克，醋 3 毫升，香油 2 毫升，食用油适量。

## 制作过程

1. 雪菜洗净，放入沸水中汆烫，捞出沥干，切成细末。
2. 豆腐干洗净，切成小丁；干辣椒洗净，去蒂，切成小块；青椒切成小块。
3. 锅中倒食用油烧热，下入干辣椒块、青椒块爆香，放入雪菜末翻炒片刻，盛出装盘，加入豆腐干、盐、糖、醋搅拌均匀，淋上香油即可。

## 烹饪小窍门

雪菜是由芥菜叶连茎腌制而成的。

## 佐酒论效

此菜富含维生素 A、B 族维生素、维生素 C、维生素 D 等，有宣肺豁痰、利气温中的功效，可提高肝脏分解酒精、排解毒素的作用。

# 豆腐干炒西蓝花

## 原料

西蓝花400克，黑木耳20克，干黄花椰菜10克，豆腐干20克，香菇30克，盐、糖、味精、食用油各适量。

## 制作过程

1. 将香菇、黑木耳、黄花椰菜分别用热水泡开。
2. 西蓝花洗净，切成小朵，用沸水汆一下。
3. 豆腐干洗净，切片；香菇、黑木耳均洗净，切片。
4. 烧锅置火上，注入适量食用油烧热，下入西蓝花略煸炒，加盐，倒入豆腐干片、香菇片、黑木耳、黄花椰菜，续炒至熟透，加糖、味精调味，出锅装盘即可。

## 佐酒论效

西蓝花含有丰富的抗坏血酸，能增强肝脏的解毒能力，提高机体免疫力，还可增强血管的韧性。

## 烹饪小窍门

西蓝花在常温下容易开花，可以将其放入保鲜袋中，放进冰箱冷藏。

# 油豆腐炒小白菜

## 原料

小白菜 250 克，油豆腐 350 克，食用油 25 毫升，酱油 10 毫升，盐 3 克，糖 3 克，味精 1 克。

## 制作过程

1. 小白菜切段，油豆腐一切两半。
2. 锅中倒食用油烧热，放小白菜炒匀。
3. 加入油豆腐煸炒片刻，加盐、糖炒 3 分钟，再调入酱油、味精，即可出锅。

## 烹饪小窍门

优质的油豆腐用手捏后能很快恢复原来的形状，如果是注过水的油豆腐，用力捏时易烂。

## 佐酒论效

小白菜为低脂肪蔬菜，且含有膳食纤维，可延长食物在胃部的停留时间，减缓酒精的吸收，起到保护肝脏的作用。

## 蔬菜类

# 口蘑油菜

### 原料

口蘑200克，油菜500克，高汤150毫升，红椒、水淀粉、盐、糖、味精各适量。

### 烹饪小窍门

市场上有泡在液体中的袋装口蘑，食用前一定要用水多漂洗几遍，以去掉某些化学物质。

### 制作过程

1. 油菜去外叶，留油菜心，洗净；口蘑洗净，切成扇形；红椒洗净、切短丝。
2. 油菜头部用小刀开一小口，将红椒丝插入，与口蘑一起下沸水锅中稍汆，捞出，沥水。
3. 烧锅置火上，添高汤烧热，下入口蘑、油菜，加盐、糖焖至熟，再加味精，用水淀粉勾芡，出锅装盘即可。

### 佐酒论效

油菜含有植物激素，能够增加酶的形成，对进入人体内的致癌物质有吸附排斥作用，故有防癌功效。此外，油菜还能增强肝脏的排毒机制。

# 小炒口蘑

## 原料

口蘑350克，五花肉80克，青椒、红椒、盐、味精、食用油、辣椒油、生抽各适量。

## 制作过程

1. 口蘑洗净，对切成两半，入沸水锅中汆水，捞出，沥水；五花肉洗净，切片；青椒、红椒均洗净，斜切成片。
2. 锅内放食用油烧热，放入肉片煸炒后盛出。
3. 锅内放食用油烧热，放入口蘑稍炒后，加入肉片翻炒均匀，再入青椒、红椒炒片刻后，调入盐、味精、辣椒油、生抽炒匀，起锅盛入盘中即可。

## 烹饪小窍门

炒口蘑的时候，可以在锅内放进几粒白米饭，如果白米饭变黑，说明就是毒蘑菇，不可食用。

## 佐酒论效

口蘑中含有人体难以消化的粗纤维、半粗纤维和木质素，可保持肠内水分平衡，吸收多余的胆固醇、糖分，并将其排出体外，对预防便秘、肠癌、动脉硬化、糖尿病等有利，适宜免疫力低下、高血压、糖尿病患者食用。

# 芥蓝腰果炒香菇

## 原料

芥蓝200克，香菇200克，腰果50克，红椒、蒜片、盐、味精、糖、香油、水淀粉、食用油各适量。

## 制作过程

1. 红椒洗净，切圈；芥蓝切成花状，串上红椒圈；芥蓝、香菇分别汆水；腰果炸熟。
2. 锅中放食用油烧热，将芥蓝、香菇、腰果入锅中翻炒，再入蒜片、盐、糖、味精炒匀，用水淀粉勾芡，淋香油出锅即成。

## 烹饪小窍门

红椒圈切得稍微厚一点，以免汆水和炒制时断开。

## 佐酒论效

芥蓝富含胡萝卜素、维生素C、硫代葡萄糖苷，硫代葡萄糖苷的降解产物叫萝卜硫素，具有防癌的作用；腰果含有多种过敏原，对于过敏体质的人，可能会造成一定的过敏反应。

# 香菇扁豆丝

## 原料

扁豆400克，香菇50克、糖、食用油、味精、胡椒粉、盐各适量。

## 制作过程

1. 扁豆摘去两头蒂，洗净，放沸水中汆熟，捞出，晾凉，切成细丝，再加盐拌匀，腌渍20分钟。
2. 香菇洗净，放入水中泡软，切成细丝。
3. 炒锅置大火上，注入适量食用油烧热，倒入香菇丝煸炒几下，加盐、糖拌匀。
4. 放入腌好的扁豆丝，加胡椒粉、味精，炒熟即可。

## 佐酒论效

扁豆的营养成分相当丰富，包括蛋白质、脂肪、糖类、钙、 磷、铁及膳食纤维、维A原、维生素$B_1$、维生素$B_2$、维生素C和氰甙、酪氨酸酶等，扁豆衣的B族维生素含量特别丰富。此外，还含有磷脂、蔗糖、葡萄糖。

## 烹饪小窍门

扁豆烹调前最好用沸水汆熟或用冷水浸泡。因为白扁豆中有一种凝血物质及溶血性皂素，如生食或未炒熟吃，部分人可引起头痛、头昏、恶心、呕吐等中毒反应。

# 香辣绿豆芽

## 原料

绿豆芽300克，干红椒、香菜各30克，食用油、醋、酱油、盐、味精、花椒粒、葱、姜、香油各适量。

## 制作过程

1. 绿豆芽洗净，下沸水中氽烫片刻，立即捞出，沥干水分；香菜洗净，切成段；干红椒、葱、姜洗净，均切丝。
2. 炒锅置火上，注入适量食用油烧热，下入花椒粒炸出香味，捞出，放入葱丝炝锅，烹醋，放绿豆芽、干红椒丝、姜丝煸炒片刻。
3. 加盐、酱油、味精翻炒均匀，淋上香油，撒香菜段，出锅装盘即可。

## 烹饪小窍门

烹饪绿豆芽时放入适量姜丝，是为了中和它的寒性，十分适合夏季食用。

## 佐酒论效

绿豆芽味甘、性寒，归心胃经，具有清热解毒、醒酒利尿的功效。啤酒属于弱酸性饮品，配以碱性的绿豆芽，可保持体内酸碱平衡。

# 银芽贡菜

## 原料

贡菜100克，绿豆芽200克，红椒、姜、蒜、料酒、醋、盐、食用油、素高汤、香油各适量。

## 制作过程

1. 将贡菜洗净，切去老根，放入清水中浸泡30分钟，切段。
2. 红椒剖开，去子，切成细丝；蒜去皮，切末；姜洗净，切末。
3. 绿豆芽洗净，去头尾，在醋中浸泡2分钟后，捞出，沥干水分。
4. 炒锅置大火上，放食用油烧热，倒入蒜末、姜末、红椒丝爆香，加入绿豆芽和贡菜大火翻炒，再加入素高汤、料酒翻炒数下，加入盐，快速拌炒均匀，再淋上香油即可。

## 佐酒论效

贡菜富含蛋白质、果胶及多种氨基酸、维生素、钙、铁、锌、胡萝卜素、钾、钠、磷等多种微量元素及碳水化合物，有健胃、利尿、补脑、安神、解毒的功效。

## 烹饪小窍门

烹饪时宜先将红椒丝炒熟，再加入绿豆芽，以免绿豆芽炒得太熟烂，影响口感。

# 葱油炒绿豆芽

## 原料

绿豆芽 500 克，食用油、盐、大葱各适量。

## 制作过程

1. 绿豆芽洗净，去根须；大葱洗净，切成段。
2. 炒锅置火上，注入适量食用油，大火烧至六成热，下入葱段煸香。
3. 拣出葱段，倒入黄豆芽，加盐迅速炒熟，出锅装盘即可。

## 烹饪小窍门

豆芽在加热时一定要注意掌握好时间，至八成熟即可。没熟透的豆芽往往有点涩味，加了醋既能去除涩味，还能保持豆芽爽脆鲜嫩。

## 佐酒论效

因绿豆芽可解诸毒，不仅适宜作为下酒菜，更适宜长期吸烟者食用。

# 炒黄瓜片

## 原料

黄瓜300克，食用油、盐、大葱、蒜（白皮）、芝麻、香油各适量。

## 制作过程

1. 黄瓜洗净，切成0.3厘米厚的薄片；葱洗净，切花；蒜去皮，剁泥。
2. 黄瓜加水和盐腌渍20分钟后，洗去盐分，沥干。
3. 烧锅置火上，注入适量食用油烧热，下入葱花、蒜泥、芝麻炒香。
4. 倒入黄瓜片，用大火快炒几分钟，最后淋上香油调味，出锅装盘即可。

## 佐酒论效

黄瓜中含有的葫芦素C，具有提高人体免疫功能的作用，可达到抗肿瘤的目的，还可辅助治疗慢性肝炎，适宜热病患者、肥胖、高血压、高血脂、水肿、肿瘤患者、嗜酒者多食。

## 烹饪小窍门

盐分能促使黄瓜出水，所以炒的时候要尽量把黄瓜水分沥干，以免出水汁太多。

# 脆炒南瓜丝

## 原料

嫩南瓜400克，青椒、盐、味精、食用油、香油各适量。

## 烹饪小窍门

南瓜离皮越近的地方，营养越丰富，所以嫩南瓜最好连皮一起食用，老南瓜如果皮较硬，就用刀将硬的部分削去即可。

## 制作过程

1. 嫩南瓜去皮，洗净，切丝；青椒洗净，切丝。
2. 锅置火上，入食用油烧热，下入南瓜丝、青椒丝快速翻炒3分钟。
3. 调入盐、味精、香油炒匀，起锅盛入盘中即可。

## 佐酒论效

南瓜所含果胶可以保护胃肠道黏膜，免受粗糙食品刺激，促进溃疡愈合；此外南瓜所含成分能促进胆汁分泌，加强胃肠蠕动，帮助食物消化。

# 蒜香茄子

## 原料

茄子500克，蒜、香菜、葱、姜末、食用油、酱油、糖、盐、料酒、辣椒粉各适量。

## 制作过程

1. 将茄子洗净，去蒂，切成块状；蒜去皮，切成片；香菜洗净，切成段。
2. 炒锅置火上，注入适量食用油烧热，下入蒜片，葱、姜末爆香，倒入茄子翻炒至软熟，加酱油、糖、盐、料酒，炒至茄子熟透。
3. 用大火收浓汁，放入香菜，撒上辣椒粉，翻炒匀，出锅装盘即可。

## 烹饪小窍门

保存茄子时不要用水洗，以免洗去表面蜡层，失去保护作用，而使其变质。

## 佐酒论效

香菜含有B族维生素、维生素C、胡萝卜素以及丰富的微量元素，具有发汗透疹、消食下气、醒脾和中的功效。B族维生素能加快肝脏分解酒精、排解毒素。

# 开胃茄子

## 原料

茄子 500 克，辣椒酱、盐、生抽、食用油各适量。

## 制作过程

1. 将茄子洗净，去皮，切成条状，加盐拌匀，装盘。
2. 蒸架放入烧锅内，加适量清水，待水煮沸后，将茄子上锅蒸约 5 分钟。
3. 把辣椒酱、生抽、食用油调匀，淋到蒸好的茄子上即可。

## 佐酒论效

茄子含丰富的维生素 P，这种物质能增强人体细胞间的粘着力，增强毛细血管的弹性，降低毛细血管的脆性及渗透性，防止微血管破裂出血，使心血管保持正常的功能。

## 烹饪小窍门

茄子切成块或片后，由于氧化作用会很快由白变褐。如果将茄子块立即放入水中浸泡，待做菜时再捞起滤干，可避免氧化。

# 干酱茭白

## 原料

茭白500克，青菜100克，清汤、酱油、料酒、甜面酱、糖、盐、香油、食用油各适量。

## 制作过程

1. 茭白洗净，切长条；酱油、糖、盐、料酒和清汤兑成调味汁；青菜洗净。
2. 炒锅放食用油烧热，将茭白条下入炸至呈金黄色捞起，滤去油。
3. 锅内留底油，加青菜、盐，炒熟起锅，装入盘内垫底。
4. 锅内再放食用油烧热，下甜面酱炒香，加茭白炒匀，烹入调味汁速炒数下，淋上香油，盛入盘内青菜上即可。

## 佐酒论效

茭白甘寒，性滑而利，既能利尿祛水，辅助治疗四肢水肿、小便不利等症，又能清暑解烦而止渴，夏季食用尤为适宜，可清热通便、除烦解酒，还能解除酒毒，治酒醉不醒。

## 烹饪小窍门

炸茭白时间不宜过长，以免失去水分影响形状，不能保持其脆嫩的特点。

# 油焖茭白

## 原料

茭白300克，食用油、香油、洋葱、盐、味精、生抽、糖、水淀粉、高汤各适量。

## 制作过程

1. 茭白去皮，洗净，切成滚刀块；洋葱切片。
2. 将茭白下入五成热食用油锅中浸炸透，倒入漏勺，沥干油，备用。
3. 原锅留适量底油，用洋葱炝锅，添高汤煮沸，加入盐、味精、生抽、糖及茭白，转小火焖至入味。再用水淀粉勾芡，淋香油，出锅装盘即可。

## 烹饪小窍门

茭白过食用油时要掌握好油温，焖制时掌握好火候，以免影响菜肴口感。

## 佐酒论效

茭白含较多的碳水化合物、蛋白质、脂肪等，可以补充人体的营养物质，具有健壮机体的作用，还能清暑解烦而止渴，可清热通便、除烦解酒，适宜高血压患者、黄疸肝炎患者、产后乳汁缺少的妇女、饮酒过量、酒精中毒者食用。

# 茭白炒蚕豆

## 原料

蚕豆100克，茭白400克，红椒、葱、盐、胡椒粉、排骨酱、鸡精、姜、水淀粉、食用油各适量。

## 制作过程

1. 茭白洗净，切片，用沸水汆一下，捞出沥干；葱、姜均切末；红椒切片。
2. 锅置火上放食用油，烧至四成热时放入葱、姜末。
3. 炒出香味后倒入蚕豆、红椒片、茭白煸炒，再加入排骨酱、盐、胡椒粉、鸡精和适量水，最后用水淀粉勾薄芡，炒匀即可。

## 佐酒论效

带皮蚕豆膳食纤维含量高，其具有的凝胶性可延长食物在胃部的停留时间，减缓酒精的吸收，能起到保护肝脏的作用。另外。蚕豆中的钙，有利于骨骼对钙的吸收与钙化，促进人体骨骼的生长。

## 烹饪小窍门

如果不是马上烹调，茭白不要剥掉外壳，用报纸包住再套入塑胶袋后放入冰箱即可。若茭白上有黑点，并非坏了，而是一种有益的真菌，可以延缓骨质的老化。

# 炒白花藕

## 原料

莲藕400克，青椒50克，食用油、盐、醋、料酒、味精各适量。

## 制作过程

1. 莲藕去节，去皮，切成片，放在清水中浸泡，洗掉切口的淀粉；青椒去蒂、子，洗净，切菱形片。
2. 炒锅置火上，注入适量食用油烧热，下入青椒片略炒，加盐、醋炒匀。
3. 加料酒、藕片，炒至藕片九成熟时，调入味精，出锅装盘即可。

## 烹饪小窍门

没切过的莲藕可在室温中放置一周。莲藕容易变黑，切面容易腐烂，所以切过的莲藕要在切口处覆以保鲜膜，冷藏能保鲜一周左右。

## 佐酒论效

莲藕富含铁、钙等微量元素，还有植物蛋白、维生素以及淀粉，有明显的补益气血、增强人体免疫力的功效，适宜高热者、吐血者、高血压、肝病、食欲不振、缺铁性贫血、营养不良者食用。

# 红焖莲藕丸

## 原料

莲藕450克，鸡蛋、瘦肉、葱、姜、香菇、盐、糖、水淀粉、鸡汤、食用油各适量。

## 制作过程

1. 莲藕、香菇、瘦肉洗净，均切成粒末，加入鸡蛋液打至起胶，做成一个个莲藕丸；姜切片；葱切段。
2. 烧锅置火上，注入适量食用油烧热，待油温至150℃时，放入莲藕丸，炸至外黄里熟捞起。
3. 锅内留底油，放入姜片、葱段煸香，再下入炸莲藕丸，添鸡汤煮沸，然后加盐、糖焖熟，再用水淀粉勾芡，出锅装盘即可。

## 佐酒论效

莲藕性寒，且含有大量的单宁酸，有清热凉血作用，可用来治疗热性病症。莲藕属碱性食物，与下酒荤肉搭配食用，有利于保持体内酸碱平衡。

## 烹饪小窍门

莲藕以藕身肥大、肉质脆嫩、水分多而甜、带有清香的为佳。选购时，宜选外皮呈黄褐色、肉肥厚嫩、藕身无伤、不烂、不变色、无锈斑、不干缩、不断节者为佳。

# 糖醋藕片

## 原料

莲藕400克，糖、醋、味精、盐、食用油各适量。

## 制作过程

1. 莲藕去皮，切薄片，浸入清水中。
2. 锅中放适量清水煮沸，放入藕片，待水再次煮沸后1分钟，捞出藕片放入冷水中过凉，沥干水分。
3. 炒锅置火上，注入食用油烧热，下入藕片翻炒，加糖、醋、味精、盐继续炒熟，出锅装盘即可。

## 佐酒论效

莲藕中含有黏液蛋白和膳食纤维，能与人体内胆酸盐、食物中的胆固醇及甘油三酯结合，使其从粪便中排出，有着改善肠胃、强健胃黏膜的功效。

## 烹饪小窍门

汆烫莲藕时加入少量的醋，可使其保持原色；同时，汆烫时间不宜过长，以免失去清脆的口感。

# 麻辣笋块

## 原料

冬笋300克，食用油、芝麻酱、香油、辣椒油、盐、味精各适量。

## 制作过程

1. 将冬笋去老梗，切成长方块，入沸水锅中稍汆，捞出，沥干水。
2. 炒锅置火上，注入食用油，待油温烧至五成热时，下入冬笋块炸1分钟，捞起沥油。
3. 另起锅，加入辣椒油、芝麻酱、盐、水，再放入冬笋块，改用小火烧2分钟左右，待汤汁稠浓，加入味精，翻炒几下，再淋上香油即可。

## 烹饪小窍门

竹笋一年四季皆有，但唯有春笋、冬笋味道最佳，但食用前应先用沸水汆过，以除去笋中的草酸。

## 佐酒论效

冬笋富含膳食纤维，可以增加肠道水分的贮存量，促进胃肠蠕动，降低肠内压力，减少粪便黏度，使粪便变软，顺利排出，既有助于消化，又能预防便秘和结肠癌的发生。膳食纤维还有利于肝脏的养护。

# 笋焖蕨菜

## 原料

蕨菜 200 克，鲜笋 30 克，香菇、虾米、酱油、葱、食用油、姜、盐各适量。

## 制作过程

1. 蕨菜洗净，切段，入沸水锅中稍汆，捞出过凉，沥干水；香菇、虾米用沸水泡软，香菇切小块；泡香菇和虾米的水沉淀后去杂质待用。
2. 姜洗净，切丝；葱洗净，切丝；鲜笋去外壳，洗净，切丝，入沸水锅中稍汆，捞出，沥水。
3. 锅中倒入食用油烧热，放入葱丝、姜丝煸出香味，放入蕨菜，炒至七成熟时放入香菇、笋丝、虾米，加酱油、盐调味，再加入泡过香菇和虾米的水，焖片刻即可。

## 佐酒论效

蕨菜富含膳食纤维，能促进胃肠蠕动，具有下气通便的作用，此外还具有扩张血管、降低血压、保护肝脏的作用。

## 烹饪小窍门

鲜蕨菜在食用前应先在沸水中汆烫一下后过凉，以消除其表面的黏液和土腥味。

# 香菜笋干

## 原料

笋干 200 克，香菜、葱、食用油、盐、酱油、醋各适量。

## 制作过程

1. 笋干用温水浸泡约 2 小时至软，再用水漂洗干净，沥干水分，切成丝；香菜去根和茎，取香菜叶切成小段；葱洗净，切成丝。
2. 锅置火上，放入水、食用油和盐煮沸，放入笋干丝煮 3 分钟，捞出，沥净水分，放碗里，加上盐、酱油和醋调匀。
3. 净锅复置火上，放食用油烧热，放入葱丝炒出香味，出锅淋在调好味的笋干上面，再放入香菜段，食用时拌匀即可。

## 烹饪小窍门

久存香菜的方法：选带根的香菜，将黄叶摘掉，洗净后把香菜逐棵挂在细绳上晾干，取下，放在容器内贮藏。食用前用温水浸泡一会儿即可。

## 佐酒论效

香菜中含有许多挥发油，具有发汗、清热、透疹的功能，还能促进胃肠蠕动，具有开胃醒脾的作用。

# 芦笋鲜蘑

## 原料

芦笋400克，鲜口蘑100克，香油、盐、淀粉、高汤各适量。

## 制作过程

1. 芦笋洗净，并对剖开，切3厘米长的斜刀片；鲜口蘑洗净，切成整圆片。
2. 将芦笋和鲜口蘑入沸水锅里略汆，捞起沥干。
3. 将锅烧热，入高汤、芦笋、鲜口蘑、盐煮沸，撇去浮沫，改中火烩10分钟后，用水淀粉勾薄芡，再淋上香油即可。

## 烹饪小窍门

选购芦笋，一定要买新鲜的，以表皮鲜亮、细嫩粗大者为佳。

## 佐酒论效

芦笋富含多种维生素和微量元素，可有助于消除疲劳、降低血压、改善心血管功能，以及提高机体代谢能力，适合酒后补充身体营养成分的流失。

# 炒鲜芦笋

## 原料

鲜芦笋500克，盐、味精、食用油、香油、蒜蓉、水淀粉各适量。

## 制作过程

1. 鲜芦笋洗净，切成3厘米长的段。
2. 芦笋下入沸水中汆透，捞出投凉，沥净水分备用。
3. 炒锅置火上，注入适量食用油，大火烧至九成热，下入蒜蓉炝锅，添适量水，加盐翻炒，再下入芦笋，翻炒均匀，
4. 调入味精，用水淀粉勾薄芡，再淋香油，出锅装盘即可。

## 烹饪小窍门

此菜的关键是鲜芦笋汆水时间不要过长，炒的时候用大火速成。

## 佐酒论效

芦笋嫩茎中富含蛋白质、维生素、硒、钼、镁、锰等人体所需的微量元素，有清热解毒、生津利水的功效。饮酒容易造成体内蛋白质缺乏，多吃芦笋有助于补充。

# 香菇炒西蓝花

## 原料

西蓝花 450 克，香菇、食用油、蒜片、盐、胡椒粉各适量。

## 制作过程

1. 西蓝花洗净，切成块；用热水把香菇泡软，洗净，沥干水分，切成片。
2. 西蓝花、香菇同时放入沸水中汆 3 分钟，捞出沥干。
3. 炒锅置大火上，注入适量食用油烧热，下入蒜片炒香，倒入香菇炒 1 分钟，加西蓝花、盐翻炒均匀。
4. 倒入清水适量，将锅盖盖上，火调至中火，焖 5 分钟左右，直到西蓝花酥软，期间需要不断翻炒，去掉蒜片，撒上胡椒粉，出锅装盘即可。

## 烹饪小窍门

西蓝花入沸水汆后，应放入冷开水内过凉，捞出沥干水再用。焖、炒和加盐时间也不宜过长。

## 佐酒论效

西蓝花维生素 C 含量极高，有利于身体的生长发育，增强人的体质，增加抗病能力；红斑狼疮患者忌食西蓝花。

# 香菇包心菜丝

## 原料

包心菜450克，虾米、香菇各50克，盐、食用油、味精各适量。

## 制作过程

1. 香菇用温水泡发，去蒂，洗净，切成丝；虾米以温水浸泡；包心菜洗净，切成丝。
2. 炒锅置火上，注入适量食用油，大火烧至九成热，下入包心菜快速翻炒至半熟。
3. 下入香菇丝、虾米稍炒后，加盐、清水适量，盖上锅盖焖透，加味精调味，出锅装盘即可。

## 佐酒论效

包心菜含有丰富的膳食纤维，能起到润肠、促进排毒的作用，对预防肠癌有良好作用，特别适宜动脉硬化、胆结石患者食用。

## 烹饪小窍门

切包心菜时，宜顺丝切，这样包心菜易熟，口感也更好；包心菜在烹饪时容易出水，所以洗净后最好沥干水分。

# 手撕包心菜

## 原料

包心菜650克，干辣椒、花椒、蒜、香菜、食用油、生抽、盐各适量。

## 制作过程

1. 包心菜洗净，摘去老叶，撕成片状；干辣椒切成丁；蒜剁成末。
2. 炒锅置火上，注入适量食用油烧热，下入蒜末、干辣椒和花椒，炒至香气四溢。
3. 倒入包心菜，大火快炒至菜叶稍软，略呈半透明状，加生抽和盐炒匀入味，盛入盘中，再放上香菜叶做点缀即可。

## 烹饪小窍门

包心菜遇热会出水，炒时不宜加水，否则会不够鲜甜。

## 佐酒论效

包心菜富含吲哚类化合物、萝卜硫素、维生素U、维生素C和叶酸等成分，具有益心力、壮筋骨、利脏器、祛结气、清热止痛等功效。

# 焖油菜心

## 原料

油菜500克，猪瘦肉60克，竹笋30克，鲜香菇15克，食用油、酱油、盐、香油、糖、料酒、鲜汤各适量。

## 制作过程

1. 油菜摘去老叶，取其菜心，用刀切除老根，洗净，切段；猪瘦肉洗净，切片；香菇、竹笋均洗净，切片。
2. 将炒锅置于大火上加热，倒入食用油烧热，下入油菜心段，滑至变色转软时，捞起沥干油。
3. 炒锅内注入食用油烧热，倒入猪肉片，拌炒至断生，再倒入香菇片、笋片，翻炒，放入油菜心，加入料酒、酱油、糖、盐、香油、鲜汤，沸后改用小火加盖焖烧片刻，使之入味即可。

## 烹饪小窍门

炒油菜心时，油温不宜过高，六成热即可。

## 佐酒论效

油菜中含有大量的植物纤维素，能促进肠道蠕动，增加粪便的体积，缩短粪便在肠腔停留的时间，从而可治疗多种便秘，预防肠道肿瘤。

# 咖喱酸辣大白菜

## 原料

大白菜 500 克，干红椒 20 克，醋、盐、味精、糖、咖喱粉、香油、食用油各适量。

## 烹饪小窍门

咖喱粉应密封保存，以免香气挥发散失。

## 制作过程

1. 大白菜剥开洗净，切成片；干红椒洗净，切成丝。
2. 炒锅置火上，注入适量食用油，大火烧至七成热，放入白菜片快速翻炒 3 分钟。
3. 加入咖喱粉、干红辣椒丝、糖、盐、醋续炒 2 分钟，调入味精，淋入香油，出锅装盘即可。

## 佐酒论效

大白菜含有胡萝卜素、铁、镁等营养物质，有促进消化、通利肠胃的功效，但是胃炎、溃疡病患者应少食，患病服药期间不宜食用。

# 银丝菠菜

## 原料

细粉丝100克，菠菜500克，食用油、水淀粉、盐、味精、糖、姜各适量。

## 制作过程

1. 细粉丝洗净，沥干水分；菠菜洗净，切段；姜洗净，切成末。
2. 炒锅置火上，注入适量食用油烧至八成热，下入粉丝炸至酥香，捞出装盘。
3. 炒锅内留底油，下入姜末炝锅，倒入菠菜段用大火煸炒，加盐、糖、味精调味炒匀，再用水淀粉勾薄芡，盛盖在粉丝上即可。

## 佐酒论效

菠菜中含有丰富的胡萝卜素、维生素C、钙、磷及一定量的铁、维生素E等有益成分，其所含铁质，对缺铁性贫血有较好的辅助治疗作用，尤其适宜电脑工作者、减肥瘦身者食用。

## 烹饪小窍门

存放菠菜忌用水洗，水洗后，茎叶细胞外的渗透压和细胞呼吸均发生改变，造成茎叶细胞死亡溃烂，营养成分大损。

图书在版编目（CIP）数据

绝味下酒菜 / 华姨编著. — 杭州 ：浙江科学技术出版社，2014.5

ISBN 978-7-5341-5921-3

Ⅰ. ①绝… Ⅱ. ①华… Ⅲ. ①菜谱 Ⅳ. ①TS972.12

中国版本图书馆CIP数据核字(2014)第017313号

书　　名　绝味下酒菜
编　　著　华姨

出版发行　浙江科学技术出版社
网　　址　www.zkpress.com
杭州市体育场路347号　邮政编码：310006
销售部电话：0571-85058048
E-mail：zkpress@zkpress.com
排　　版　广东犀文图书有限公司
印　　刷　深圳市新视线印务有限公司
经　　销　全国各地新华书店

开　　本　710×1000　1/16　印　张　8
字　　数　120 000
版　　次　2014年5月第1版　2014年5月第1次印刷
书　　号　ISBN 978-7-5341-5921-3　定　价　29.80元



**责任编辑**　宋　东　王　群　王巧玲　**责任美编**　金　晖
**责任校对**　梁　峥　李骁睿　**责任印务**　徐忠雷
**特约编辑**　胡荣华

部分图片来源于微图